安防系统安装与调试

主　编　邢　燕　刘长春
副主编　白光泽　贾　雪
参　编　赵立媛　邢　姝

中国建材工业出版社

图书在版编目（CIP）数据

安防系统安装与调试/邢燕，刘长春主编．--北京：
中国建材工业出版社，2016.8（2021.7 重印）
ISBN 978-7-5160-1577-3

Ⅰ.①安… Ⅱ.①邢… ②刘… Ⅲ.①安全装置—电
子设备—设备安装—职业教育—教材 ②安全装置—电子设
备—示踪程序—职业教育—教材 Ⅳ.①TM925.91

中国版本图书馆 CIP 数据核字（2016）第 167676 号

内 容 简 介

本书以先进的职业教育理念，以真实的工作任务及工作过程为依据，整合教学内容。在编写过程中，以实用为原则，图文并茂，注重专业技能训练及创新能力、职业能力的培养。全书依据实际工作岗位的需求，对典型的工作任务进行选取和提炼，将教学内容进行分解、提炼和排序，设计了 5 个项目 17 个工作任务。

本书主要内容包括：安装基本技能训练、楼宇对讲系统的安装与调试、电视监控系统的安装与调试、周界防范系统的安装与调试、火灾自动报警与消防联动系统的安装与调试。

本书适合作为职业院校楼宇智能化设备安装与调试专业、物业管理专业等专业教材，也可作为相关专业人员参考用书。

本书有配套课件，读者可登录我社网站免费下载。

安防系统安装与调试

主 编 邢 燕 刘长春

出版发行：中国建材工业出版社
地　　址：北京市海淀区三里河路 1 号
邮　　编：100044
经　　销：全国各地新华书店
印　　刷：北京雁林吉兆印刷有限公司
开　　本：787mm×1092mm　1/16
印　　张：11.25
字　　数：270 千字
版　　次：2016 年 8 月第 1 版
印　　次：2021 年 7 月第 3 次
定　　价：**36.00 元**

本社网址：www.jccbs.com.cn　　微信公众号：zgjcgycbs
本书如出现印装质量问题，由我社市场营销部负责调换。联系电话：（010）88386906

前　　言

随着科学技术的发展，尤其是计算机网络技术、通信技术和自动控制技术等各种现代化技术在智能楼宇中的应用，智能化小区越来越多。为此，近几年职业类院校增加了智能楼宇方面的专业，以满足企业对人才的需求。

《安防系统安装与调试》是职业类院校楼宇智能化设备安装与调试专业和物业管理专业的一门专业核心课。本书以先进的职业教育理念，以真实工作任务及工作过程为依据，整合教学内容，致力于智能楼宇类职业能力的培养。本书作为职业类院校教材，主要从职业教育的特点和学生的知识结构出发，在编写过程中，以实用为原则，图文并茂，注重专业技能训练和创新能力的培养。全书依据实际工作岗位的需求，对典型的工作任务进行选取和提炼，将本书的教学内容进行分解、提炼和排序，设计了5个项目17个工作任务。通过任务驱动、探索式学习、过程性评价等方式，让学习者通过具体项目的实施来掌握智能楼宇安防系统的安装、调试、维护与管理。在项目实施过程中，充分体现以学生为主体，教师为主导的教学理念，实现"做中学、做中教"。

本书由长春市城建工程学校邢燕、刘长春担任主编，长春职业技术学院白光泽、吉林建筑大学贾雪担任副主编，济南物业管理职业中等专业学校赵立媛、珲春第四中学邢姝参与编写。编写的具体分工如下：项目一由贾雪编写，项目二由邢燕编写，项目三由赵立媛编写，项目四由白光泽编写，项目五由刘长春、邢姝编写；全书由邢燕负责统稿。

在编写的过程中编者参考了许多图书、杂志、设备说明书、设备操作手册，由于篇幅有限，书后的参考文献中只列举了主要的参考书目，在此向这些作者表示衷心的感谢。由于智能楼宇安防技术的发展速度较快，有些技术还处于开发研究之中，加之编写时间仓促，作者水平有限，难免有不妥和疏漏之处，望各位专家、同行及读者批评指正。

编　者
2016.7

目　　录

项目一 安装基本技能训练

项目描述

  某安防系统安装公司对电气安装工人进行电气工具基本使用技能的考核，要求技能工人对现场的各种工具进行熟练操作。

教学导航

1. 知识目标

(1) 了解电气常用工具，掌握电气常用工具的使用与维护。

(2) 掌握导线的连接方法。

(3) 正确使用万用表测量直流电流、直流电压、交流电压、电阻等。

2. 能力目标

(1) 能够熟练运用电气常用工具进行线路的安装。

(2) 能够熟练进行导线的连接。

(3) 能够熟练运用测量仪器进行测量。

3. 素质目标

(1) 培养学生分析问题和解决问题的能力。

(2) 培养学生的团队合作意识。

(3) 培养学生认真工作的态度。

任务 1-1 常用安装工具的使用

1.1.1 学习目标

1. 认识电气常用工具。
2. 能够正确使用电气安装工具。

1.1.2 学习活动设计

一、任务描述

了解电气安装常用工具的原理和使用方法。

二、任务分析

结合实际生活，通过对生活中一些现象的发现与知识点的梳理，正确认识、理解、掌握电气常用安装工具的原理、使用方法和注意事项。

三、任务实施

（一）环境设备

1. 工具

验电笔、钢丝钳、电工刀、剥线钳、尖嘴钳、斜口钳、螺钉旋具（一字、十字）、电铬铁、电工防护用具。

2. 耗材

导线若干。

（二）操作指导

1. 教师演示

说明注意事项，使学生有一个宏观的认识。

（1）用验电笔进行电源的验电，并判断相线。

（2）针对器件上的螺钉，熟练选择相应的螺钉旋具进行安装与拆卸。

（3）选择相应的钳子，进行导线的夹断与剥线。

2. 学生实践

（1）成员分工。如表 1-1 所示，根据学生数量把全班分成 5～6 个小组，每组以 6～8 人为宜，各选一名组长，每组成员在老师的指导下，共同完成任务。成员分工可按表 1-1 填写。

（2）用验电笔对单相两孔插座进行验电。

（3）选择相应的螺丝将开关盒固定在指定位置。

（4）将导线夹断，并剥线（每组 15 根）。

表 1-1 小组一览表

小组名称： 工作理念：

序号	姓名	职务	岗位职责

（5）6S 管理：明确并在工作过程中实施 6S 管理即整理、整顿、清扫、清洁、素养、安全。

（6）收集信息并填写信息、收集表（表 1-2），查阅和学习表中知识点。

表 1-2　信息收集表

信息收集
常用电工工具种类。
各电工工具的使用方法及注意事项。

1.1.3　相关知识

一、验电笔

1. 验电笔的结构

验电笔又叫验电器，由氖管、电阻、弹簧和笔身等组成，是用来区分电源的相线和中线，或用来检查低压导电设备外壳是否带电的辅助安全工具。验电笔有螺钉旋具式和钢笔式两种，如图 1-1 所示。

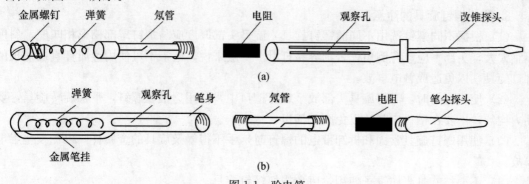

图 1-1　验电笔

（a）螺钉旋具式验电笔；（b）钢笔式验电笔

2. 使用验电笔的注意事项

（1）在测试电器和线路是否带电前应该先在有电的地方检测一下，检查验电笔是否完好，以防判断失误而触电。

（2）握笔时，用食指按住验电笔的尾部，其余手指握住笔身。

（3）测电时，笔尖触到测试体上，手接触验电笔的尾部。如果测试体带电，则验电笔的氖管会发光，若氖管不发光，则说明测试体不带电。

（4）绝缘电阻小于 $1M\Omega$ 的验电笔不能使用。

（5）在明亮光线下测试时，往往看不清氖管的光亮，应当避光测试。

二、螺钉旋具

1. 螺钉旋具结构

螺钉旋具（俗称螺丝刀或起子）是一种紧固和拆卸螺钉的工具，由金属杆头和绝缘柄组成。按金属杆头部分的形状划分，可分为十字型、一字型和多用型。其外形如图 1-2 所示。按绝缘柄外金属杆的长度和刀口尺寸分为：50×3（5）、65×3（5）、75×4（5）、100×4、100×6、100×7、125×7、125×8、125×9、150×7（8）mm 几种规格。

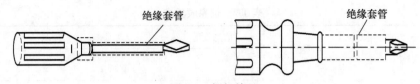

图 1-2　螺钉旋具

2. 螺钉旋具的使用方法

（1）小螺钉旋具（绝缘柄外金属杆长度 50～100mm）：一般用来紧固电气装置界限桩头上的小螺钉，使用时可用手指顶住木柄的末端捻旋。

（2）较长螺钉旋具（绝缘柄外金属杆长度 100～150mm）：一般用来紧固较长的螺钉。可用右手压紧并转动手柄，左手握住螺钉旋具中间部分，以使螺钉刀不滑落，此时左手不得放在螺钉的周围，以免螺钉刀滑出时将手划伤。

（3）大螺钉旋具（绝缘柄外金属杆长度大于 150mm）：一般用来紧固大的螺钉。使用时，除大拇指、食指和中指要夹住握柄外，手掌还要顶住柄的末端，这样可防止旋具在转动时滑脱。

3. 使用螺钉旋具的注意事项

（1）根据不同螺钉选用不同的螺钉旋具。旋具头部厚度应与螺钉尾部槽形相匹配，斜度不宜太大，头部不应该有倒角，否则容易打滑。一般来说，电工不可使用金属杆直通柄顶的螺钉旋具，以免造成触电事故。

（2）使用旋具时，需将旋具头部放至螺钉槽口中，并用力推压螺钉，平稳旋转旋具，要用力均匀，不要在槽口中蹭，以免磨毛槽口。

（3）使用螺钉旋具紧固和拆卸带电的螺钉时，手不得触及旋具的金属杆，以免发生触电事故。

（4）不要将旋具当作锥子使用，以免损坏螺钉旋具。

（5）为了避免螺钉旋具的金属杆触及皮肤或邻近带电体，可在金属杆上套绝缘管。

（6）旋具在使用时，头部应该顶牢螺钉槽口，防止打滑而损坏槽口。同时注意，不要用小旋具去拧旋大螺钉，一是不容易旋紧，二是螺钉尾槽容易拧豁，三是旋具头部易受损。反之，如果用大旋具拧旋小螺钉，也容易造成因为力矩过大而导致小螺钉滑丝现象。

三、钢丝钳

1. 钢丝钳的结构

钢丝钳是一种夹持和剪切工具，其构造及用途如图 1-3 所示。刀口可剪切导线，铡口可剪切钢丝。钢丝钳包括钳头、钳柄及钳柄绝缘柄套，绝缘柄套的耐压为 500V。

2. 使用钢丝钳的注意事项

（1）在使用电工钢丝钳之前，必须检查绝缘柄的绝缘功能是否完好，绝缘如果损坏，则进行带电作业时非常危险，会发生触电事故。

（2）在使用钢丝钳的过程中切勿将绝缘手柄碰伤、损伤或烧伤，并且要注意防潮。

（3）为防止生锈，钳轴要经常加油。

（4）带电操作时，注意钳头金属部分与带电体的安全距离，手与钢丝钳的金属部分保持 2cm 以上的距离。

（5）根据不同用途，选用不同规格的钢丝钳。

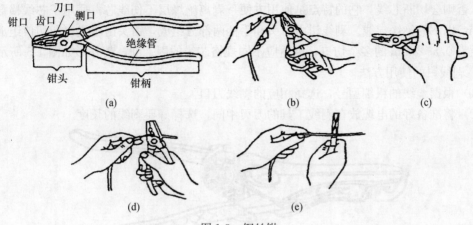

图 1-3 钢丝钳

（a）构造；（b）弯绞导线；（c）扳旋螺母；（d）剪切导线；（e）铡切钢丝

（6）不能当榔头使用。

（7）用电工钢丝钳剪切带电导线时，切勿用刀口同时剪切火线和零线，以免发生短路故障。

四、尖嘴钳

1. 尖嘴钳的结构

尖嘴钳头部细长呈圆锥形，接近端部的钳口上有一段棱形齿纹，由于它的头部尖而长，因而适合在较窄小的工作环境中夹持轻巧的工件、线材，或剪切、弯曲细导线，其外形如图 1-4 所示。尖嘴钳由钳头、钳柄及钳柄上耐压为 500V 的绝缘套等部分组成。根据钳头的长度划分，尖嘴钳可分为短钳头（钳头为钳子全长的 1/5）和长钳头（钳头为钳子全长的 2/5）两种。规格按钳身长度的不同可分为 125mm、140mm、160mm、180mm、200mm 5 种。

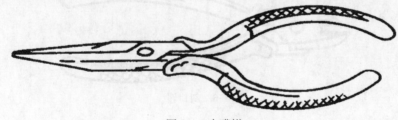

图 1-4 尖嘴钳

2. 使用尖嘴钳的注意事项

（1）一般用右手操作，使用时握住尖嘴钳的两个手柄，开始夹持或剪切工作。

（2）不用尖嘴钳时，应在表面涂上润滑防锈油，以免生锈或者支点发涩。

（3）使用时注意刀口不要对向自己，使用完放回原处，放置在儿童不易接触的地方，以免受到伤害。

五、剥线钳

1. 剥线钳的结构和功能

剥线钳是专供电工剥除电线头部的表面绝缘层用的。使用时切口大小应略大于导线芯线直径，否则会切断芯线。它的特点是使用方便，剥离绝缘层不伤线芯，适用于芯线横截面积为 $6mm^2$ 以下的绝缘导线。剥线钳由钳头和手柄两部分组成，钳头由压线口和切口组成，分有直径为 0.5～3mm 的多个切口，以适应不同规格芯线的剥、削，其外形如图 1-5 所示。

2. 剥线钳的使用方法

（1）根据缆线的粗细型号，选择相应的剥线刀口。

（2）将准备好的电缆放在剥线工具的刀刃中间，选择好要剥线的长度。

图 1-5　剥线钳

（3）握住剥线工具手柄，将电缆夹住，缓缓用力使电缆外表皮慢慢剥落。

（4）松开工具手柄，取出电缆线，这时电缆金属整齐地露在外面，其余绝缘塑料完好无损。

六、斜口钳

1. 斜口钳的结构

斜口钳用于剪断较粗的导线和其他金属丝，还可直接剪断低压带电导线。在工作场所比较狭窄的地方和设备内部，用以剪切薄金属片、细金属丝，或剖切导线绝缘层，其外形如图 1-6 所示。

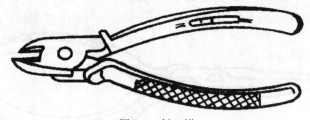

图 1-6　斜口钳

2. 斜口钳的使用方法

（1）使用钳子时用右手操作。

（2）将钳口朝内侧，便于控制钳切部位，用小指伸在两钳柄中间来抵住钳柄，张开钳头，这样分开钳柄灵活。

七、电工刀

1. 电工刀的结构

电工刀主要用于剥、削导线绝缘层木榫等，其背部可刮除导线表面的氧化层。有的多用电工刀还带有手锯和尖锥，用于电工材料的切割。电工刀由刀身和刀柄两部分组成，如图 1-7所示。

图 1-7 电工刀

2. 使用电工刀的注意事项

（1）使用时应刀口朝外，刀面与线芯呈 15°角向外削以免伤手。

（2）用毕，随即把刀身折入刀柄。

（3）因为电工刀柄不带绝缘装置，所以不能带电操作，以免触电。

八、电烙铁

1. 电烙铁的结构

如图 1-8 所示，电烙铁是电子制作和电器维修的必备工具，主要用途是焊接元件及导线，按机械结构可分为内热式电烙铁和外热式电烙铁，按功能可分为无吸锡式电烙铁和吸锡式电烙铁，根据用途不同又分为大功率电烙铁和小功率电烙铁。

2. 使用电烙铁的注意事项

（1）新买的电烙铁在使用之前必须给它蘸上一层锡（给电烙铁通电，在电烙铁加热到一定程度的时候用锡条靠近铬铁头）；将使用久了的电烙铁的铬铁头部锉亮，然后通电加热升温，并将铬铁头蘸上一点松香，待松香冒烟时再上锡，使在铬铁层表面先镀上一层锡。

（2）电烙铁通电后温度高达 250℃以上，不用时应放在铬铁架上，但较长时间不用时应切断电源，防止高温"烧死"铬铁头（被氧化）。要防止电烙铁烫坏其他元器件，尤其是电源线，若其绝缘层被铬铁烧坏则容易引发安全事故。

（3）不要用电烙铁猛力敲打以免振断电烙铁内部电热丝或引线而产生故障。

（4）电烙铁使用一段时间后，可能在铬铁头部留有锡垢，在电烙铁加热的条件下，可以用湿布轻擦。如出现凹坑或氧化块，应用细微锉刀修复或者直接更换铬铁头。

九、电工防护用具

1. 安全带

安全带是登高超过 2.5m 时必须使用的安全防护用品，如图 1-9 所示。

图 1-8 电烙铁   图 1-9 安全带

安全带的使用注意事项：

（1）安全带使用期一般为 3～5 年，发现异常应提前报废。

（2）安全带的腰带和保险带、绳应有足够的机械强度，材质应有耐磨性，卡环（钩）应具有保险装置。保险带、绳使用长度在 3m 以上时应加缓冲器。

（3）使用安全带前应进行外观检查：

① 组件完整、无短缺、无伤残破损；

② 绳索、编带无脆裂、断股或扭结；

③ 金属配件无裂纹、焊接无缺陷、无严重锈蚀；

④ 挂钩的钩舌咬口平整不错位，保险装置完整可靠；

⑤ 铆钉无明显偏位，表面平整。

（4）安全带应系在牢固的物体上，禁止系挂在移动或不牢固的物件上；不得系在棱角锋利处；安全带要高挂和平行拴挂，严禁低挂高用。

（5）在杆塔上工作时，应将安全带后备保护绳系在安全牢固的构件上（带电作业视其具体任务决定是否系后备安全绳），不得失去后备保护。

2. 绝缘手套、绝缘靴

如图 1-10 所示为绝缘手套、绝缘靴，用于具有触电危险的场合时穿戴。

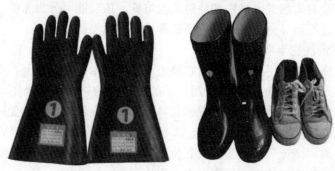

图 1-10　绝缘手套、绝缘靴

3. 绝缘台、绝缘垫、绝缘毯

绝缘台、绝缘垫和绝缘毯均是辅助安全用具。绝缘台用干燥的木板或木条制成，其站台的最小尺寸是 0.8m×0.8m，四角用绝缘子做台脚，其高度不得小于 10cm。绝缘垫和绝缘毯由特种橡胶制成，其表面有防滑槽纹，厚度不小于 5mm。绝缘垫的最小尺寸为 0.8m×0.8m，绝缘毯最小宽度为 0.8m，长度依需要而定，一般用于铺设在高、低压开关柜前，做固定的辅助安全用具，如做脚垫来进行高压操作，防止出现触电事故。

4. 绝缘拉杆

绝缘拉杆主要用于拉开或闭合高压隔离开关、跌落式熔断器等。

1.1.4　考核评价（表 1-3）

表 1-3　考核评价

序号	评价项目及标准		自评	互评	教师评分	总评
1	在规定的时间（90分钟）内完成（5分）					
2	能够进行有效的信息收集	各类工具使用信息收集（15分）				
		安全用具使用信息收集（15分）				
		填写信息收集表（10分）				

序号	评价项目及标准		自评	互评	教师评分	总评
3	工具使用	能够正确使用工具进行相应的操作（25分）				
		操作规范（15分）				
4	工作态度（5分）					
5	安全文明操作（5分）					
6	场地整理（5分）					
7	合计（100分）					

任务 1-2　导线的连接与焊接

1.2.1　学习目标

1. 掌握各类导线绝缘层的剥离和连接方法。
2. 熟练使用各类工具。

1.2.2　学习活动设计

一、任务描述

学生通过实践与学习，基本掌握各种导线的制作方法，即各类绝缘线的剥离和连接方法。

需要提交的成果有：实践报告。

二、任务分析

导线的连接是设备安装的基础，所以了解各种导线及线缆的制作、焊接和剥离是非常重要的环节，因此在任务完成过程中需要：

1. 了解每种导线的基本制作方法。
2. 进行各种导线的连接并交流经验。

三、任务实施

（一）环境设备

1. 工具：钢丝钳、电工刀、剥线钳、斜口钳、尖嘴钳、电铬铁。
2. 耗材：各类型导线、焊锡、助焊剂。

（二）操作指导

1. 教师演示

教师按照标准对每一种导线的连接和剥离方法进行演示，说明每一步的注意事项，使学生有一个宏观的认识。

2. 学生实践

（1）成员分工。见表1-4，根据学生数量把全班分成5～6个小组，每组以6～8人为宜，每组各选一名组长，在老师的指导下，共同完成任务。

（2）单股导线的连接。分别进行各截面不同的铜芯导线的连接。

（3）多股导线的连接。对各类多芯的导线进行连接。

表1-4 小组一览表

小组名称：　　　　　　　　　　　　　　　　　　　　　　　　　　　工作理念：

序号	姓名	职务	岗位职责

（4）T型导线的连接。

（5）6S管理：明确并在工作过程中实施6S管理，即整理、整顿、清扫、清洁、素养、安全。

（6）收集信息并填写信息收集表（表1-5），查阅和学习表中知识点。

表1-5 信息收集表

信息收集
导线常用的连接方法。
工具的使用方法。

3. 撰写工作总结并分小组进行汇报

1.2.3 相关知识

一、导线

1. 导线的种类

常用导线有铜芯线和铝芯线。铜导线电阻率小，导电性能较好；铝导线电阻率比铜导线稍大些，但价格低，应用广泛。导线有单股和多股两种，一般截面积在 6mm² 及以下为单股线，截面积在 10mm^2 及以上为多股线。多股线是由几股或几十股线芯绞合在一起形成的，有 7 股、19 股、37 股等。

导线又分软线和硬线。导线还分裸导线和绝缘导线，绝缘导线有电磁线、绝缘电线、电缆等多种。常用绝缘导线在导线线芯外面包有绝缘材料，如橡胶、塑料、棉纱、玻璃丝等。

2. 常用导线的型号及应用

(1) B 系列橡皮塑料电线

B 系列的电线结构简单，电气和机械性能好，广泛用作动力、照明及大中型电气设备的安装线。交流工作电压为 500V 以下。

(2) R 系列橡皮塑料软线

R 系列软线的线芯由多根细铜丝绞合而成，除具有 B 系列电线的特点外，还比较柔软，广泛用于家用电器、小型电气设备、仪器仪表及照明灯线等。

几种常用导线的名称、结构、型号及应用如表 1-6 所示。

表 1-6　几种常用导线的名称、结构、型号、应用

型号			名称	结构	允许长期工作温度	主要用途
系列	铜芯	铝芯				
B 系列橡皮塑料电线	BVV	BLVV	聚氯乙烯绝缘护套线	线芯　塑料护套　塑料绝缘	65℃	用于 500V 以下照明和小客量动力线路固定敷设
	BV	BLV	聚氯乙烯绝缘电线	单根线芯　塑料绝缘　多股绞合线芯		用于 500V 以下动力和照明线路的固定敷设
R 系列橡皮塑料软线	RVS		聚氯乙烯绝缘绞合软线	塑料绝缘		用于 250V 及以下移动电器和仪表及吊灯的电源连接导线
	RVB		聚氯乙烯绝缘平行软线	塑料绝缘		
	RXF RX		橡皮绝缘编织圆形软线	橡胶或塑料绝缘　橡套或塑料护套　麻绳填芯		用于安装时要求柔软的场合及移动电器电源线

11

二、导线的剖削

1. 塑料硬线绝缘层的剖削

（1）用钢丝钳剖削塑料硬线绝缘层

线芯截面为 4mm² 及以下的塑料硬线，一般用钢丝钳进行剖削。剖削方法如下：

① 左手捏住导线，在需剖削线头处，用钢丝钳刀口轻轻切破绝缘层，但不可切伤线芯。

② 左手拉紧导线，右手握住钢丝钳头部用力向外勒去塑料层，在勒去塑料层时，不可在钢丝钳刀口处加剪切力，否则会切伤线芯。剖削出的线芯应保持完整无损，如有损伤，应重新剖削。

（2）用电工刀剖削塑料硬线绝缘层

线芯面积大于 4mm² 的塑料硬线，可用电工刀来剖削绝缘层。剖削方法如下：

① 在需剖削线头处，用电工刀以 45°角倾斜切入塑料绝缘层，注意刀口不能伤及线芯，如图 1-11（a）所示。

② 刀面与导线保持 25°角左右，用刀向线端推削，只削去上面一层塑料绝缘，不可切入线芯，如图 1-11（b）所示。

③ 将余下的线头绝缘层向后扳翻，将该绝缘层剥离线芯，再用电工刀切齐，如图 1-11（c）所示。

2. 塑料软线绝缘层的剖削

塑料软线绝缘层用剥线钳或钢丝钳剖削，如图 1-12 所示。剖削方法与用钢丝钳剖削塑料硬线绝缘层方法相同，但不可用电工刀剖削，因为塑料软线由多股铜丝组成，用电工刀容易损伤线芯。

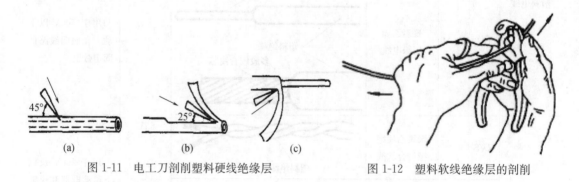

图 1-11　电工刀剖削塑料硬线绝缘层　　　　图 1-12　塑料软线绝缘层的剖削

3. 塑料护套线绝缘层的剖削

塑料护套线具有两层绝缘：护套层和每根线芯的绝缘层。塑料护套线绝缘层用电工刀剖削，剖削方法如下：

（1）在线头所需长度处，用电工刀刀尖对准护套线中间线芯缝隙处划开护套线，如图 1-13（a）所示，如偏离线芯缝隙处，电工刀可能会划伤线芯。

（2）向后扳翻护套层，用电工刀把它齐根切去，如图 1-13（b）所示。

4. 内部绝缘层的剖削

在距离护套层 5～10mm 处，用电工刀以 45°角倾斜切入绝缘层，其剖削方法与塑料硬线剖削方法相同。

5. 橡皮线绝缘层的剖削

在橡皮线绝缘层外还有一层纤维编织保护层，其剖削方法如下：

（1）用电工刀尖将橡皮线纤维编织保护层划开，将其扳回后齐根切去。剖削方法与剖削护套线保护层方法类似。

（2）用与剖削塑料线绝缘层相同的方法削去橡胶层。

（3）松散棉纱层到根部，用电工刀切去。

6. 花线绝缘层的剖削

（1）用电工刀在线头所需长度处将棉纱织物保护层四周割切一圈后，将棉纱织物保护层割去。

（2）在距离棉纱织物保护层 10mm 处，用钢丝钳按照与剖削塑料软线类似的方法勒去橡胶层。

三、导线的连接

1. 导线连接的基本要求

（1）接触紧密，接头电阻小且稳定性好。与同长度、同截面积导线的电阻比应不大于 1。

（2）接头的机械强度应不小于导线机械强度的 80%。

（3）接头的绝缘层强度应与导线的绝缘强度一样。

2. 导线的连接

导线芯线股数不同，其连接方法也各不相同。

（1）单股铜芯线的直线连接

如图 1-14 所示，先将两线头剖削出一定长度的线芯，清除线芯表面氧化层，将两线芯作 X 形交叉，并相互绞绕 2～3 圈，再扳直线头，将扳直的两线头向两边各紧密绕 6 圈，切除余下线头并钳平线头末端。

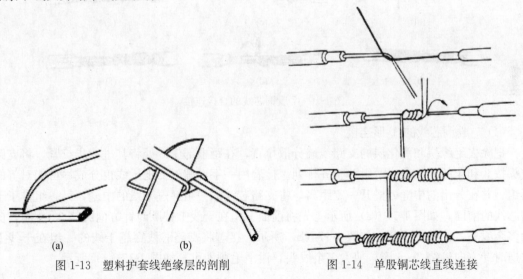

图 1-13　塑料护套线绝缘层的剖削　　　　图 1-14　单股铜芯线直线连接

（2）单股铜芯线的 T 形连接

单股铜芯线 T 形连接时可用绞接法和缠绕法。绞接法是先将除去绝缘层和氧化层的线头与干线剖削处的芯线十字相交，注意在支路芯线根部留出 3～5mm 裸线，接着顺时针方向将支路芯线在干线芯线上紧密缠绕6～8圈，剪去多余线头，修整好毛刺，如图1-15所示。

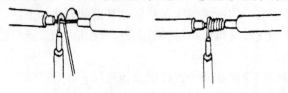

图1-15 单股铜芯线T形连接（缠绕法）

截面较大的导线进行T形连接时，可用缠绕法，其具体方法与单股铜芯线直连的缠绕法相同。

（3）7股铜芯线的直接连接

把除去绝缘层和氧化层的芯线线头分成单股散开并拉直，在线头总长（离根部距离）1/3处顺着原来的扭转方向将其绞紧，余下的2/3长度的线头分散成伞形，如图1-16（a）所示。将两股伞形线头相对，隔股交叉直至伞形根部相接，然后捏平两边散开的线头，如图1-16（b）所示。将7股铜芯线按根数2、2、3分成三组，先将第一组的两根线芯扳到垂直于线头的方向，如图1-16（c）所示，按顺时针方向缠绕两圈，再弯下扳成直角使其紧贴芯线，如图1-16（d）所示。第二组、第三组线头仍按第一组的缠绕方法紧密缠绕在芯线上，如图1-16（e）所示。为保证电接触良好，如果铜线较粗较硬，可用钢丝钳将其绕紧。缠绕时注意使后一组线头压在前一组线头已折成直角的根部。最后一组线头应在芯线上缠绕三圈，在缠到第三圈时，把前两组多余的线端剪除，使该两组线头断面能被最后一组第三圈缠绕完的线匝遮住。最后一组线头绕到两圈半时，剪去多余部分，使其刚好能缠满三圈，最后用钢丝钳钳平线头，修理好毛刺，如图1-16（f）所示。后一半的缠绕方法与前一半完全相同。

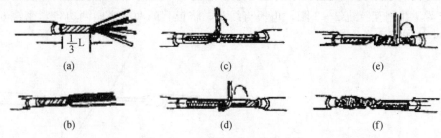

图1-16 7股铜芯线的直接连接

（4）7股铜芯线的T形连接

把除去绝缘层和氧化层的支路线端分散拉直，在距根部1/8处将其进一步绞紧，将支路线头按3和4的根数分成两组并整齐排列。接着用一字形螺丝刀把干线也分成尽可能对等的两组，并在分出的中缝处撬开一定距离，将支路芯线的一组穿过干线的中缝，另一组排于干路芯线的前面，如图1-17（a）所示。先将前面一组在干线上按顺时针方向缠绕3～4圈，剪除多余线头，修整好毛刺，如图1-17（b）所示。接着将支路芯线穿越干线的一组在干线上按逆时针方向缠绕3～4圈，剪去多余线头，钳平毛刺即可，如图1-17（c）所示。

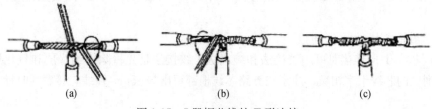

图1-17 7股铜芯线的T形连接

（5）19 股铜芯线的直线连接和 T 形连接

19 股铜芯线的连接与 7 股铜芯线连接方法基本相同。在直线连接中，由于芯线股数较多，可剪去中间几股，按要求在根部留出一定长度绞紧，隔股对叉，分组缠绕。在 T 形连接中，支路芯线按 9 和 10 的根数分成两组，将其中一组穿过中缝后，沿干线两边缠绕。为保证有良好的电接触和足够的机械强度，这类多股芯线的接头，通常都应进行钎焊处理，即对连接部分加热后搪锡。

1.2.4 考核评价（表 1-7）

表 1-7 考核评价

序号	评价项目及标准		自评	互评	教师评分	总评
1	在规定的时间（90 分钟）内完成（5 分）					
2	能够进行有效的信息收集	单股导线连接信息收集（15 分）				
		多股导线连接信息收集（15 分）				
		填写信息收集表（10 分）				
3	导线连接	能够正确使用工具进行导线绝缘层削剥（25 分）				
		能够正确进行导线的连接（15 分）				
4	工作态度（5 分）					
5	安全文明操作（5 分）					
6	场地整理（5 分）					
7	合计（100 分）					

任务 1-3　常用测量仪器的使用

1.3.1 学习目标

1. 了解万用表的性能。
2. 了解万用表量程的选择方法。
3. 正确使用万用表测量直流电流、直流电压、交流电压、电阻等。

1.3.2 学习活动设计

一、任务描述

学生通过实际操作，了解万用表各挡位的作用，掌握万用表的测量。

二、任务分析

本工作任务主要目标是掌握测量方法，因此在任务完成过程中需要：

1. 了解万用表的档位及量程。

2. 掌握万用表的测量方法。

三、任务实施

（一）环境设备

1. 工具：指针式万用表、数字式万用表。

2. 耗材：导线、电阻。

（二）操作指导

1. 教师演示

教师按照标准对万用表的使用方法进行演示，说明每一步的注意事项，使学生有一个宏观的认识。

2. 学生实践

（1）成员分工。

（2）选择合适量程测量电阻值。

（3）选择合适量程测量电压。

（4）判断导线的通、断。

（5）6S 管理：明确并在工作过程中实施 6S 管理，即整理、整顿、清扫、清洁、素养、安全。

（6）收集信息并填写信息收集表（表 1-8），查阅和学习表中知识点。

表 1-8　信息收集表

信息收集
1. 万用表各个档位所表示的含义？
2. 在使用万用表测量时有何注意事项？

1.3.3　相关知识

一、万用表

万用表是共用一个表头，集电压表、电流表和欧姆表于一体的仪表。它是一种多功能、多量程的测量仪表，具有功能多、量程多、使用方便、体积小、便于携带和价格较低等优点。一般的万用表可以测量直流电压、直流电流、交流电压、电阻和音频电平等电量，有些万用表还可以测量交流电流、电容量和电感量、晶体管的共发射极直流放大系数 h_{FE} 等电参数。常见的万用表有指针式万用表和数字式万用表：指针式万用表是以表头为核心部件的多功能测量仪表，测量值由表头指针指示读取；数字式万用表的测量值由液晶显示屏直接以数字的形式显示，读取方便，有些还带有语音提示功能。

二、万用表的结构及使用方法

1. 指针式万用表

（1）指针式万用表结构

指针式万用表如图 1-18 所示，主要由表头、测量电路、转换开关三部分组成。

表头是用于显示数值的部分，是一只高灵敏度的磁电式直流电流表，有万用表的"心脏"之称，用以指示被测量的数值，万用表的主要性能指标基本上取决于表头的性能。测量电路是用来把各种被测电量转换到适合表头测量的直流微小电流，它由电阻、半导体元件及电池组成，将各种不同的被测电量，不同的量程，经过一系列的处理，如整流、分流等，统一变成一定量限的直流电流后送入表头进行测量。转换开关是用来选择各种不同的电路，以满足不同种类和不同量程的测量要求。当转换开关处于不同位置时，它相应的固定触点就闭合，万用表可作为各种不同量程的电工测量仪表。

（2）指针式万用表使用方法

指针式万用表使用时需：

①水平放置。使用前，先机械调零。

②正确选择量程，最好使指针指在量程的 1/2 以上范围内。若不知道测量的大约值，可先旋至最大量程上预测，然后再旋至合适的量程上。在测量时，量程转换开关不能转动，必须断电后再转动。

③接线要正确。测量直流电流时，要注意正负极性。测电流时，仪表应和电路串联；测电压时，仪表应和电路并联。

④测量电阻前必须进行欧姆调零，即开关旋至 Ω挡的选取用量程上，两表笔短路，用零欧姆调节旋钮调零。每变换一次量程，需重新欧姆调零。

⑤测量直流电压时，开关旋至 DC/V 挡相应的量程上；测量直流电流时，开关旋至 μA 或 mA 的相应量程上；测量交流电压时，开关旋至 AC/V 挡相应的量程上；测量电阻时，开关旋至 Ω挡的量程上。

图 1-18　MF-30 型指针式万用表

⑥测量结束后，将量程开关置零位，无零位的置交流最高电压挡。

2. 数字式万用表（图 1-19）

（1）数字式万用表结构

数字式万用表的结构由显示器、显示器驱动电路、双积分模/数（A/D）转换器、交—直流变换电路、转换开关、电源开关、各种测试电路和保护电路等组成。

显示器一般采用 LCD，便携式数字万用表多使用三位半 LCD 液晶显示器，台式数字万用表多使用五位半 LCD 液晶显示器。显示器驱动电路与双积分 A/D 转换器通常采用专用集成电路，其作用是将各测试电路送来的模拟量转换为数字量，并直接驱动 LCD，将测量数值显示出来。

（2）数字式万用表使用方法

①电阻的测量

功能量程选择开关位于"Ω"区域内的恰当量程挡，黑表笔置"COM"插孔，红表笔置"V/Ω"插孔。电源接通后，不必调零即可测量。

使用时注意量程的选择和转换，量程选小了显示屏上会显示"1."此时应换用较之大的量程；反之，量程选大了的话，显示屏上会显示一个接近于"0"的数，此时应换用较之小的量程；当检查被测线路的阻抗时，要移开被测线路中的所有电源，同时所有电容放电，被测线路中，如有电源和储能元件，会影响线路阻抗测试的正确性。

图 1-19　数字式万用表

②直流电压的测量

功能量程选择开关位于"DC/V"区域内的恰当量程挡，红、黑表笔位置同上。电源接通后，即可测量。

使用时注意量程选到比估计值大的量程挡（直流挡是 V−，交流挡是 V∼），接着把表笔接被测电路两端，保持接触稳定。数值可以直接从显示屏上读取，若在数值左边出现"−"，则表明表笔极性与实际电源极性相反。

③交流电压的测量

功能量程选择开关位于"AC/V"区域内的恰当量程挡，红、黑表笔位置同上。电源接通后，即可测量。

使用时注意，由两插孔接入的交流电压不得超过 750V（有效值），且要求被测电压的频率在 45∼500Hz 范围内。

④直流电流的测量

功能量程选择开关位于"DC/A"区域内的恰当量程挡，黑表笔置"COM"插孔，红表笔置"mA"插孔（被测电流＜200mA）或接"10A"插孔（被测电流＞200mA）。电源接通后即可测量。

使用时注意，由"mA"、"COM"两插孔输入的直流电流不得超过 200mA；由"10A"、"COM"两插孔输入的直流电流不得超过 10A。

⑤交流电流的测量

功能量程选择开关位于"AC/A"区域内的恰当量程挡，其余操作与测量直流电流相同。

⑥二极管的测量

功能量程选择开关位于二极管挡，黑表笔置"COM"孔，红表笔置"V/Ω"孔。电源接通后即可测量。

⑦三极管的测量

功能量程选择开关位于"NPN"或"PNP"挡，三极管管脚分别插入对应的"E、B、C"孔内。接通电源后，即显示 h_{FE} 值。

⑧线路通断的检查

功能量程选择开关位于音响挡"·)))"，黑表笔置"COM"孔，红表笔置"V/Ω孔。

电源接通后即可测量。若被测线路电阻低于规定值（20Ω＋10Ω）电表蜂鸣器发出响声，表示被测线路是通的；无响声则表示被测线路的电阻高于规定值或者断路。

1.3.4 考核评价（表1-9）

表1-9 考核评价

序号	评价项目及标准		自评	互评	教师评分	总评
1	在规定的时间（90分钟）内完成（5分）					
2	能够进行有效的信息收集	指针式万用表使用信息收集（15分）				
		数字式万用表使用信息收集（15分）				
		填写信息收集表（10分）				
3	仪表使用	能够正确使用合适的量程进行测量（25分）				
		能够正确进行读数并记录（15分）				
4	工作态度（5分）					
5	安全文明操作（5分）					
6	场地整理（5分）					
7	合计（100分）					

知识梳理与总结

1. 常用的电气工具包括验电笔、螺钉旋具、钢丝钳、尖嘴钳、剥线钳、斜口钳、电工刀、电烙铁及电工防护用具等。

2. 导线的连接方法包括单芯导线连接及多芯导线连接。

3. 指针式万用表由表头、测量电路和转换开关组成。

4. 数字式万用表与指针表相比，精度高、读数方便。

5. 数字式万用表由显示器、显示器驱动电路、双积分模/数（A/D）转换器、交—直流变换电路、转换开关、电源开关、各种测试电路和保护电路等组成。

思考与练习

1. 验电笔的使用注意事项有哪些？

2. 剥线钳如何使用？

3. 尖嘴钳的使用注意事项有哪些？

4. 单芯导线有哪些连接方法？如何进行连接？

5. 如何进行导线的 T 型连接？

6. 指针式万用表在测量前有哪些准备工作？用它测量电阻时有哪些注意事项？

7. 指针式万用表和数字万用表有哪些异同？

项目二　楼宇对讲系统的安装与调试

项目描述

　　智能设备安装公司对一新建小区访客对讲与室内安防系统的安装工程进行安装及调试。作为安装公司的工程安装人员，需了解系统的构成、设备的使用、系统的安装与调试等工作内容。

教学导航

1. 知识目标
(1) 了解楼宇对讲系统的组成。
(2) 掌握楼宇对讲系统的安装与调试。
(3) 掌握室内安防系统的安装与调试。
2. 能力目标
(1) 能够识读楼宇对讲与室内安防系统图。
(2) 能够正确进行系统的安装与调试。
(3) 能够正确使用工具。
3. 素质目标
(1) 调动学生主动学习的积极性，培养学生理论联系实际的能力。
(2) 培养自我学习能力。
(3) 培养学生制定切实可行、科学合理的行动计划能力。

任务 2-1　楼宇对讲系统的认知

2.1.1　学习目标

1. 了解楼宇对讲系统的工作过程。
2. 掌握楼宇对讲系统组成。
3. 能够识读系统图。

2.1.2 学习活动设计

一、任务描述

学生通过参观智能楼宇对讲系统及智能楼宇实训室，了解楼宇对讲系统的工作过程，掌握系统的组成。

需要提交的成果如下：参观总结，系统组成图。

二、任务分析

楼宇对讲系统是目前各智能小区常用的安防系统之一，本工作任务主要目标是掌握楼宇对讲系统的组成。因此在任务完成过程中需要：

1. 参观智能小区楼宇对讲系统，了解系统的工作过程及组成。

2. 参观智能楼宇实训室，掌握楼宇对讲系统的组成，并画出系统图。

三、任务实施

（一）环境设备

1. 某智能小区楼宇对讲系统。

2. 楼宇智能安防实训室。

（二）操作指导

1. 参观智能小区的楼宇对讲系统

（1）成员分工。如表 2-1 所示，根据学生数量把全班分成 5~6 个小组，每组以 6~8 人为宜，每组各选一名组长，在老师的指导下，共同完成任务。

表 2-1 小组一览表

小组名称：　　　　　　　　　　　　　　　　　　　　工作理念：

序号	姓名	职务	岗位职责

（2）认知系统。

（3）收集信息并填写信息收集表（表 2-2），查阅和学习表中知识点。

（4）进行参观，详细记录参观内容（表 2-3）。

2. 参观智能实训室

（1）根据成员分工，做好参观记录。

（2）画出智能实训室中楼宇对讲系统组成图。

（3）说明系统的工作过程。

3. 撰写工作总结，分小组进行汇报

表 2-2　信息收集表

信息收集
什么是楼宇对讲系统？
楼宇对讲系统的组成及功能？

表 2-3　参观记录表

参观内容
1. 参观智能小区的名称？
2. 参观的楼宇对讲系统由哪几大模块组成？
3. 参观中所认识的器件及其功能？

2.1.3　相关知识

一、楼宇对讲系统

楼宇对讲系统作为现代化安全防范系统的一部分已日趋普及，其重要性也已逐渐被人们认识。它是一种简便易行、无人值守、易于普及的控制系统，该系统对于确保区域和室内安全、实现智能化管理具有重要作用，常用于各类大厦、高层公寓和智能住宅小区。

　　楼宇对讲系统是采用单片机技术、双工对讲技术、CCD 摄像及视频显像技术设计而成的一种访客识别电控信息管理的智能系统。楼门平时总处于闭锁状态，避免非本楼人员未经允许进入楼内；本楼内的住户可以用钥匙或密码开门自由出入。当有客人来访时，需在楼门外的对讲主机键盘上按出被访住户的房间号，呼叫被访住户的对讲分机，接通后与被访住户的主人进行双向通话或可视通话。通过对话或图像确认来访者的身份后，住户主人若允许来访者进入，就用对讲分机上的开锁键打开大楼门口上的电控锁，来访客人便可以进入楼内，来访客人进入后，楼门自动闭锁。某小区楼宇对讲系统如图 2-1 所示。

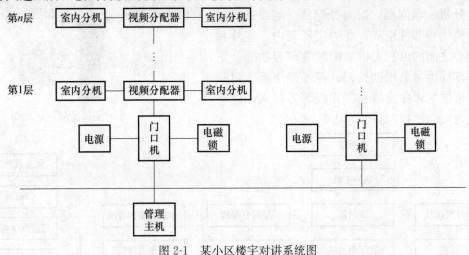

图 2-1　某小区楼宇对讲系统图

　　住宅小区物业管理的安全保卫部门通过小区安全对讲管理主机，可以对小区内各住宅楼安全对讲系统的工作情况进行监视。如有住宅楼入口门被非法打开、安全对讲主机或线路出现故障，小区安全对讲管理主机就会发出报警信号、显示出报警的内容及地点。

　　小区物业管理部门与住户或住户与住户之间可以用该系统进行相互通话。如物业部门通知住户交各种费用、住户通知物业管理部门对住宅设施进行维修、住户在紧急情况下向小区的管理人员或邻里报警求救等。

二、楼宇对讲系统的组成

　　楼宇对讲系统一般由管理主机、单元主机、住户对讲机和防盗门电控锁组成。按系统设置分类可分为普通对讲系统和可视对讲系统；按系统规模分类可分为单户型、单元型、小区联网型。

　　1. 单户型：具备可视对讲或非可视对讲、遥控开锁、主动监控等功能，使家中的电话、电视可与单元型可视对讲主机组成单元系统，室内机分台式和扁平挂壁式两种。

　　2. 单元型：可视系统或非可视对讲系统主机分直按式和拨号式两种。直按式容量较小，有 14、15、18、21、27 户型等，适用于多层住宅楼，特点是一按就应，操作简便。拨号式容量较大，多为 256 户到 891 户不等，适用于高层住宅楼，特点是界面豪华，操作方式同拨电话一样。这两种系统均采用总线式布线，解码方式有楼层机解码和室内机解码两种方式，室内机一般与单户型的室内机兼容，均可实现可视对讲或非可视对讲、遥控开锁等功能，并可挂接管理中心。某单元型楼宇对讲系统如图 2-2 所示。

　　3. 小区联网型：一般除具备可视对讲或非可视对讲、遥控开锁等基本功能外，还能接

23

收和传送住户的各种技防探测器报警信息和进行紧急求助，能主动呼叫辖区任意住户或群呼所有住户实行广播功能，有的还与三表（水、煤、电）抄送、IC卡门禁系统和其他系统构成小区物业管理系统。

如图 2-3 所示，联网型可视对讲门禁子系统由管理中心机、室外主机、多功能室内分机、普通室内分机、联网器、层间分配器、电磁锁、通讯转换模块等部件组成，能够实现室内、室外和管理中心之间的可视对讲、门禁管理等功能。室内安防部件由紧急求助按钮、红外探测器、门磁开关、可燃气体探测器和声光报警器组成，能够实现室内安防监控和报警等功能。

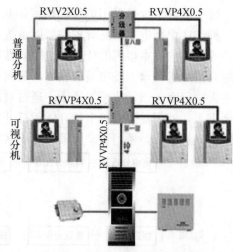

图 2-2　单元型楼宇对讲系统图

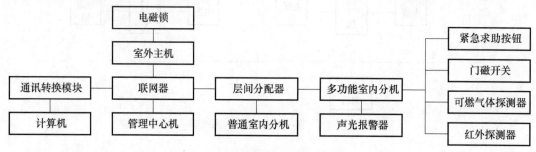

图 2-3　联网型楼宇对讲系统图

2.1.4　考核评价（表2-4）

表 2-4　考核评价

序号	评价项目及标准		自评	互评	教师评分	总评
1	在规定的时间（180分钟）内完成（10分）					
2	能够进行有效的信息收集	楼宇对讲系统信息收集（20分）				
		填写信息收集表（10分）				
3	认知系统	能够正确画出参观小区楼宇对讲系统图（25分）				
		能够正确指出实训室内楼宇对讲系统的组成（15分）				
4	工作态度（5分）					
5	安全文明操作（10分）					
6	场地整理（5分）					
7	合计（100分）					

任务 2-2 器件认知

2.2.1 学习目标

1. 了解楼宇对讲系统的器件组成。
2. 掌握楼宇对讲系统的接线图及元件的安装方法。

2.2.2 学习活动设计

一、任务描述

学生通过参观智能楼宇对讲系统，了解楼宇对讲及安防系统的器件组成。通过在实训室内进行器件认知，使学生在掌握各个器件的名称及工作原理的基础上，能够正确拆开各器件外壳，认识各器件的接线端子。

本任务为操作性实训，重在使学生在动手操作检测的过程中，对器件的工作原理、内部结构和端子检测方法有全面的认识，为以后系统地连接器件奠定基础。

需要提交的成果有：器件功能及安装方法的简述报告。

二、任务分析

楼宇对讲系统是目前各智能小区常用的安防系统之一，本任务主要目标是使学生了解安防系统各元器件的功能及设备的安装方法，因此在任务完成过程中需要：

1. 参观智能小区楼宇对讲系统，深入了解各器件的外貌及其功能。
2. 在实训室内，进行器件的认知。

三、任务实施

（一）环境设备

1. 器件：室外门口主机、室内分机（可视、非可视）、层间分配器、联网器、管理中心机、探测器。

2. 工具：螺丝刀、万用表、尖嘴钳、斜口钳、剥线钳。

3. 耗材：导线若干、螺钉。

（二）操作指导

1. 参观智能小区的楼宇对讲及安防系统

（1）成员分工。

（2）6S 管理：明确并在工作过程中实施 6S 管理，即整理、整顿、清扫、清洁、素养、安全。

（3）收集信息并填写信息收集表（表 2-5），查阅和学习表中知识点。

（4）进行参观，详细记录参观内容并填写表 2-6。

2. 智能实训室

（1）根据要求，认识器件、拆解各端子并熟悉其功能。

（2）画出智能实训室中各器件接线端子的功能图。

（3）说明各器件的功能并简述工作原理。

3. 撰写工作总结，分小组进行汇报

表 2-5　信息收集表

信息收集
楼宇对讲系统各器件分别叫什么？
各器件的功能分别是什么？

表 2-6　参观记录表

参观内容
1. 记录哪些器件是不认识的。
2. 对不认识的器件依据所学进行合理的猜想。

2.2.3　相关知识

一、室外门口主机

1. 室外门口主机的功能

室外门口主机通常综合了信息输入端与系统控制器。住户进入楼宇时需要通过门口主机开锁，在门口主机输入端输入授权信息，授权信息输入通常有密码输入、刷卡、生物特征（如指纹）输入等方式。访客通过门口主机呼叫住户，通常设置数字键盘来完成呼叫操作。住户户数较少时可使用直按式键盘，住户户数多时应使用数码式键盘。设备上设有麦克风与扬声器，在用户应答呼叫时实现双方语音对讲。可视访客对讲系统中，门口主机设有摄像头,把访客视频信号传送至室内分机。门口主机还可接收室内分机控制信号完成遥控开锁。如图 2-4 所示为某型号室外门口主机。

图 2-4 某型号室外门口主机

2. 室外门口主机的结构

某型号室外门口主机的面板如图 2-5 所示。

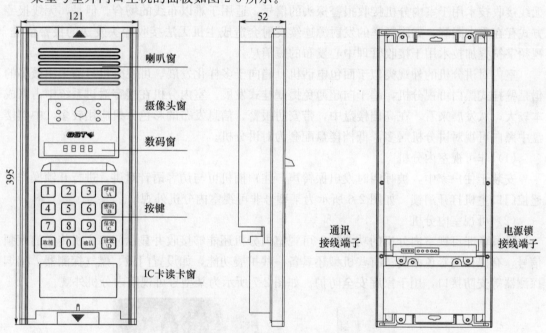

图 2-5 室外门口主机面板示意图

某型号室外门口主机接线端子说明见表 2-7 和表 2-8。

表 2-7 室外主机电源端子说明

端子序	标识	名称	与总线层间分配器连接关系
1	D	电源	电源+18V
2	G	地	电源端子 GND
3	LK	电控锁	接电控锁正极
4	G	地	接锁地线
5	LKM	电磁锁	接电磁锁正极

表 2-8 室外主机通讯端子说明

端子序	标识	名称	与总线层间分配器连接关系
1	V	视频	端子 V
2	G	地	端子 G
3	A	音频	端子 A
4	Z	总线	端子 Z

二、室内分机

1. 室内分机的分类

室内分机主要有对讲及可视对讲两大类产品，基本功能为对讲（可视对讲）、开锁。随着产品的不断丰富，许多产品还具备了监控、安防报警及设撤防、户户通、信息接收、远程电话报警、留影留言提取、家电控制等功能。可视对讲分机有彩色液晶及黑白 CRT 显示器两大类。目前，已有许多技术应用到室内分机上，如无线接收技术、视频字符叠加技术等。无线接收技术用于室内分机接收报警探头的信号，适用于难以布线的场合。但是，无线报警方式存在重大漏洞，如同频率的发射源连续发射会造成主机无法接收探头发送的报警信号。视频字符叠加技术用于接收管理中心发布的短消息。

室内对讲分机的外观类似于面包电话机，趋向于多样化发展。可视分机目前采用最多的仍是壁挂式黑白可视分机，趋于向超薄免提壁挂式发展。室内分机在楼宇对讲系统中占据成本较大，从发展来看，在高档楼盘中，带安防报警、信息发布的彩色分机应用较多，中档楼盘中黑白可视对讲分机居多，低档楼盘配套为对讲分机。

（1）非可视室内分机

安装于住户家中，被呼叫时发出振铃声，住户摘机可与访客语音对讲，进行开锁操作可遥控门口主机打开门锁。如图 2-6 所示为某型号非可视室内分机外观。

（2）可视室内分机

除具备非可视室内分机的功能外，可视室内分机还能够接收并显示门口主机传递的视频信号，有黑白与彩色两类。有些机型还具备一些扩展功能，如设置门磁、燃气探测器、感烟探测器等安防接口，用于家庭安全防护。如图 2-7 所示为某型号可视室内分机外观。

图 2-6 非可视室内分机   图 2-7 可视室内分机

2. 室内分机的结构

（1）普通室内分机的结构

普通室内分机外形如图 2-8 所示。

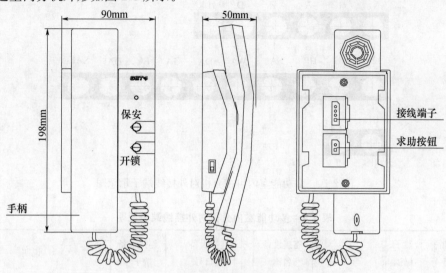

图 2-8 普通室内分机外形示意图

（2）多功能室内可视分机的结构

多功能室内分机外形如图 2-9 所示。

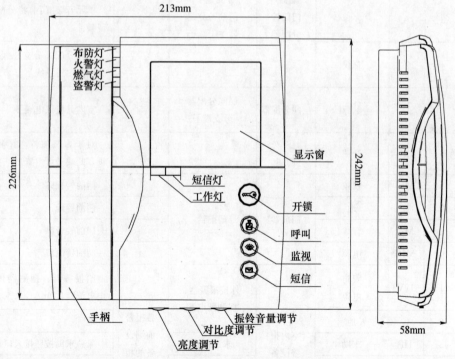

图 2-9 多功能室内可视分机外形示意图

如图 2-10 所示是某型号多功能室内可视分机对外接线端子示意图。

表 2-9 是该型号多功能室内分机对外接线端子说明。

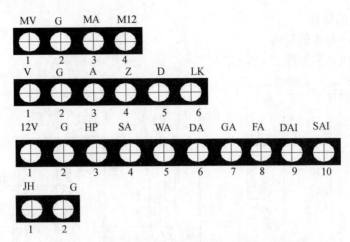

图 2-10　多功能室内可视分机对外接线端子示意图

表 2-9　多功能室内分机对外接线端子说明

端口号	端子序号	端子标识	端子名称	连接设备名称	连接设备端口号	连接设备端子号	说明
主干端口	1	V	视频	层间分配器/门前铃分配器	层间分配器分支端子/门前铃分配器主干端子	1	单元视频/门前铃分配器主干视频
	2	G	地			2	地
	3	A	音频			3	单元音频/门前铃分配器主干音频
	4	Z	总线			4	层间分配器分支总线/门前铃分配器主干总线
	5	D	电源	层间分配器	层间分配器分支端子	5	室内分机供电端子
	6	LK	开锁	住户门锁		6	对于多门前铃，有多住户门锁，此端子可空置
门前铃端口	1	MV	视频	门前铃	门前铃	1	门前铃视频
	2	G	地			2	门前铃地
	3	MA	音频			3	门前铃音频
	4	M12	电源			4	门前铃电源
安防端口	1	12V	安防电源	室内报警设备	外接报警器、探测器电源	各报警前端设备的相应端子	给报警器、探测器供电，供电电流≤100mA
	2	G	地				地
	3	HP	求助		求助按钮		紧急求助按钮接入口常开端子
	4	SA	防盗		红外探测器		接与撤布防相关的门、窗磁传感器、防盗探测器的常闭端子
	5	WA	窗磁		窗磁		
	6	DA	门磁		门磁		

端口号	端子序号	端子标识	端子名称	连接设备名称	连接设备端口号	连接设备端子号	说明
安防端口	7	GA	燃气探测	室内报警设备	燃气泄漏	各报警前端设备的相应端子	接与撤布防无关的烟感、燃气探测器的常开端子
	8	FA	感烟探测		火警		
	9	DAI	立即报警门磁		门磁		接与撤布防相关门磁传感器、红外探测器的常闭端子
	10	SAI	立即报警防盗		红外探测器		
警铃端口	1	JH	警铃		警铃电源	外接警铃	电压：DC14.5～DC18.5V
	2	G	地				电流≤50mA

三、管理中心机

1. 管理中心机的功能

管理中心机一般具有呼叫、报警接收等基本功能，是小区联网系统的基本设备，如图 2-11 所示。它将小区的门口机、住户分机有机地联系起来，实现呼叫、监视、可视对讲、警情及呼叫信息查询等功能，能充分满足现代小区的需要。使用电脑作为管理中心机极大地扩展了楼宇对讲系统的功能，很多厂家不惜余力在管理中心机软件上下功夫使其集成如三表、巡更等系统。配合系统硬件，用电脑来连接的管理中心机可以实现信息发布、小区信息查询、物业服务、呼叫及报警记录查询、设撤防纪录查询等功能。

图 2-11　管理中心机

2. 管理中心机的结构

某型号管理中心机接线端子示意图如图 2-12 所示。

 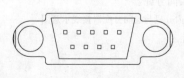 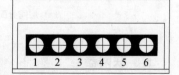

图 2-12　管理中心机接线端子示意图

31

某型号管理中心机接线端子接线说明见表 2-10。

表 2-10 接线说明

端口号	序号	端子标识	端子名称	连接设备名称	注释
端口 A	1	GND	地	室外主机或矩阵切换器	音频信号输入端口
	2	AI	音频入		
	3	GND	地		视频信号输入端口
	4	VI	视频入		
	5	GND	地	监视器	视频信号输出端，可外接监视器
	6	VO	视频出		
端口 B	1	CANH	CAN 正	室外主机或矩阵切换器	CAN 总线接口
	2	CANL	CAN 负		
端口 C	1～9	RS232		计算机	RS232 接口，接上位计算机
端口 D	1	D1	18V 电源	电源箱	给管理中心机供电，18V 无极性
	2	D2			

注意：当管理中心机处于 CAN 总线的末端时，需在 CAN 总线接线端子处并接一个 120Ω 电阻（即并接在 CANH 与 CANL 之间）。

四、层间分配器

单元型住宅中，通过层间分配器可以相对便捷地实现一部门口主机连接多个楼层多户住宅的室内分机。层间分配器的外观如图 2-13（a）所示。

层间分配器由一个输入端连接门口主机，多个输出端可分别连接一部室内分机，并逐层连接，起到信号隔离、信号分配、支路保护的作用。同时为室内分机提供电源及短路保护。室内分机与层间分配器接线示意图如图 2-13（b）所示。

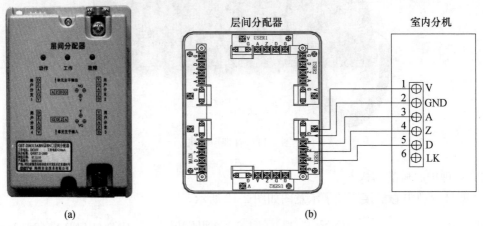

图 2-13 层间分配器
（a）层间分配器外形图；（b）室内分机与层间分配器接线示意图

五、联网器

联网型访客对讲系统需要联网器实现多个单元门口主机与管理中心机之间的通讯。如图

2-14 所示是联网器与其他设备接线示意图，对外接线端子说明见表 2-11～表 2-14。

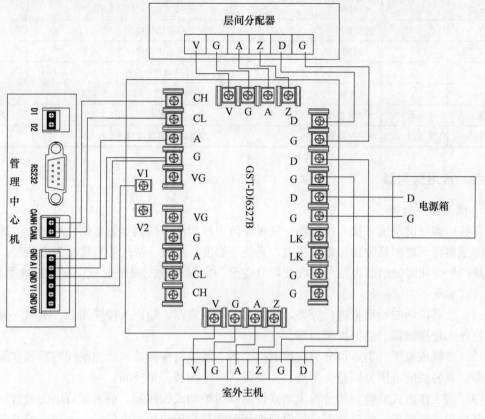

图 2-14　联网器接线示意图

表 2-11　电源端子（XS4）

端子序	标识	名称	连接关系（POWER）
1	D+	电源	电源 D
2	D−	地	电源 G

表 2-12　室内方向端子（XS2）

端子序	标识	名称	连接关系（USER1）
1	V	视频	接单元通讯端子 V（1）
2	G	地	接单元通讯端子 G（2）
3	A	音频	接单元通讯端子 A（3）
4	Z	总线	接单元通讯端子 Z（4）

表 2-13　室外方向端子（XS3）

端子序	标识	名称	连接关系（USER2）
1	V	视频	接室外主机通讯接线端子 V（1）
2	G	地	接室外主机通讯接线端子 G（2）
3	A	音频	接室外主机通讯接线端子 A（3）
4	Z/M12	总线	接室外主机通讯接线端子 Z（4）或门前铃电源端子 M12

表 2-14 外网端子（XS1）

端子序	标识	名称	连接关系（OUTSIDE）
1	V1	视频 1	接外网通讯接线端子 V1（1）
2	V2	视频 2	接外网通讯接线端子 V2（2）
3	G	地	接外网通讯接线端子 G（3）
4	A	音频	接外网通讯接线端子 A（4）
5	CL	CAN 总线	接外网通讯接线端子 CL（5）
6	CH	CAN 总线	接外网通讯接线端子 CH（6）

六、常用探测器

1. 探测器的分类

有些访客对讲系统可接入探测器，实现安防布控功能。探测器的工作原理是通过探测器中的传感器将环境中某种物理量（压力、光能、温度、声波、浓度等）转化为电信号，当该物理量产生变化时便引起电信号的改变，改变至一定量便触发报警信号。探测器种类繁多，分类方式如下：

（1）按其探测的物理量进行分类，可分为振动探测器、超声入侵探测器、次声入侵探测器、红外入侵探测器、感温探测器等。

（2）按警戒范围分类，可分为点控制探测器、线控制探测器、面控制探测器和空间控制探测器，其警戒的范围分别是一个点、一条线、一个面和一个空间。

（3）按工作方式分类，可分为主动式探测器与被动式探测器，前者运行中会向监控范围发射某种形式的能量，经过直射或反射后由接收端接收形成稳定电信号，入侵监控范围导致能量场改变，电信号稳定被破坏而触发报警；后者则不需发射能量，而是探测环境中产生的能量的变化。

（4）按探测器输出的开关信号不同来分，可分为常开型探测器、常闭型探测器及常开/常闭型探测器。常开型探测器与常闭型探测器的对比如图 2-15 所示。

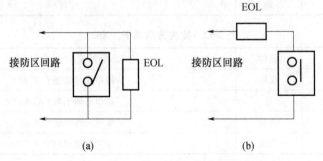

图 2-15 常开型探测器与常闭型探测器
（a）常开型探测器；（b）常闭型探测器

（5）按探测器与报警控制器的连接方式不同来分，可分为四线制、两线制和无线制。

一般常规需要供电的探测器采用的均是四线制，四线制连接方式如图 2-16 所示。如某种被动红外探测器，其接线端子板上的标注如图 2-17 所示。又如某种微波—被动红外双鉴探测器，其接线端子板上的标注如图 2-18 所示。两者的不同点在于后者多了防拆开关的两个接线端子。

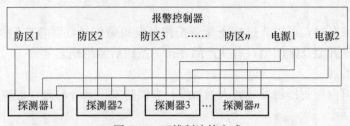

图 2-16　四线制连接方式

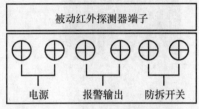

图 2-17　某被动红外探测器的接线端

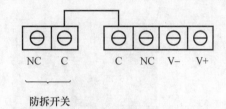

图 2-18　某微波—被动红外双鉴探测
器的接线端

　　某种玻璃破碎探测器的接线端子板上的标注如图 2-19 所示。该种探测器不仅有防拆开关的两个接线端子，而且还属于常开/常闭型探测器，既有常闭（NC）输出端，又有常开（NO）输出端。使用时可根据需要将 NC 和 C 端或 NO 和 C 端接至报警控制器的某一防区输入即可。

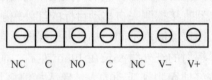

图 2-19　某种玻璃破碎探测器的接线端子板

　　两线制又可分为三种情况：探测器本身不需要供电、探测器需要供电以及两总线制。如某种紧急报警按钮的接线端子板上的标注如图 2-20 所示。使用时可根据需要将 NC 和 C 端或 NO 和 C 端接至报警控制器的某一防区输入即可。

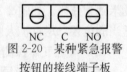

图 2-20　某种紧急报警按钮的接线端子板

　　2. 楼宇对讲系统常用探测器

　　（1）门磁

　　门磁由永久磁铁和干簧管（又称磁簧管或磁控管）两部分组成，安装效果如图 2-21 所示。永久磁铁作为活动端固定在门扇上方，干簧管作为固定端安装在门框上。干簧管是一个充有惰性气体（如氮气）的玻璃管，内部有两个金属簧片，形成触点。以常闭型门磁为例，门在关闭状态时，磁体与干簧管的距离保持在一定范围内，干簧管处于闭合状态，一旦门被打开，磁体与干簧管分离的距离超过范围时，干簧管就会断开，报警指示灯亮的同时

图 2-21　门磁安装效果图

35

向主机发射报警信号。

（2）紧急按钮

当发生紧急情况时，可以通过按下紧急按钮触发报警信号，紧急按钮外观如图 2-22 所示。紧急按钮有常开型及常闭型，有些产品在按下按钮后需用钥匙复位。

（3）声光报警器

声光报警器可由探测器触发或者人为触发，它同时发出声音与光，提醒人们发现报警信号，如图 2-23 所示。

图 2-22　紧急按钮　　　　　图 2-23　声光报警器

（4）被动红外探测器

被动红外探测器又称热感式红外探测器。它的特点是不需要附加红外辐射光源，本身不向外界发射任何能量，而是探测器直接探测来自移动目标的红外辐射，因此才有被动式探测。任何物体，包括生物和矿物体，因表面温度不同，都会发出强弱不同的红外线。各种不同物体辐射的红外线波长也不同，人体辐射的红外线波长在 $10\mu m$ 左右，而被动式红外探测器的探测波范围为 $8\sim14\mu m$，因此，能较好地探测到活动的人体跨入探测区域，从而发出警戒报警信号。被动式红外探测器按结构、警戒范围及探测距离的不同，可分为单波束型和多波束型两种。单波束型采用反射聚焦式光学系统，其警戒视角较窄，一般小于 $5°$，但作用距离较远（可达百米）。多波束型采用透镜聚集式光学系统，用于大视角警戒，警戒视角可达 $90°$，作用距离只有几米到十几米。如图 2-24 所示，为某型号被动红外探测器。使用被动红外探测器，应当选择适当的位置，尽量扩大监控范围，减少监控死角，避免遮挡物和热源的影响。

（5）可燃气体探测器

住宅小区常用半导体型可燃气体探测器来防止燃气泄漏造成损失。探测器中灵敏度较高的气敏半导体元件在洁净空气中呈高阻状态，当接触可燃气体时电阻值随气体的浓度而变化，信号电流即发生变化，触发警报。其安装效果如图 2-25 所示。

图 2-24　被动红外探测器　　　图 2-25　可燃气体探测器安装效果图

3. 电锁

锁具的种类很多，常用的门禁电控锁有阴极锁、阳极锁、磁力锁、电插锁等。锁具可分为通电开门型及断电开门型，不同锁具适合的门型、线芯数量、隐藏性、美观性等各有不同，应根据系统环境选择。

（1）阴极锁

如图 2-26 所示，阴极锁适用于办公室木门、家用防盗铁门、校园教室门，特别适用于带有阳极机械锁，且又不希望拆除的门体，当然阴极锁也可以选配相匹配的阳极机械锁。

（2）阳极锁

如图 2-27 所示，阳极锁适用于家用防盗铁门、单元通道铁门，也可用于金库、档案库铁门。阳极锁可选配机械钥匙，大多属于常闭型。

（3）磁力锁

磁力锁适用于通道性质的玻璃门或铁门，单元门、办公区通道门等也大多采用磁力锁。磁力锁属于常开型，完全符合通道门体消防规范，一旦发生火灾，门锁断电打开，避免发生人员无法及时离开的情况。

（4）电插锁

如图 2-28 所示，电插锁适用于办公室木门、玻璃门。电插锁大多属常开型，完全符合通道门体消防规范。电插锁和磁力锁是门禁系统中主要采用的锁体。

图 2-26　阴极锁　　　　图 2-27　阳极锁　　　　图 2-28　电插锁

4. 卡

门禁系统控制出入的方式可选择输入密码、刷卡、生物特征识别或多方式结合，在刷卡式门禁系统中常见的卡片类型有非接触式 IC 卡、接触式 IC 卡、磁条卡、威根卡、TM 卡、射频卡等。目前楼宇对讲系统采用的多为非接触式 IC 卡。

非接触式 IC 卡由 IC 芯片、感应天线组成，封装在一个标准的 PVC 卡片内，芯片及天线无任何外露部分。射频卡是最近几年发展起来的一项新技术，它成功地将射频识别技术和 IC 卡技术结合起来，结束了无源（卡中无电源）和免接触这一难题，是电子器件领域的一大突破。卡片在一定距离内（通常为 5～10cm）靠近读写器表面，通过无线电波的传递来完成数据的读写操作。如图 2-29 所示为非接触式 IC 卡及读卡器。

图 2-29　非接触式 IC 卡及读卡器

2.2.4 考核评价（表2-15）

表 2-15 考核评价

序号	评价项目及标准		自评	互评	教师评分	总评
1	在规定的时间（180分钟）内完成（5分）					
2	能够进行有效的信息收集	楼宇对讲系统器件信息收集（15分）				
		填写信息收集表（10分）				
3	认知器件	能够正确认知室外门口主机（5分）				
		能够正确认知室内分机（5分）				
		能够认知层间分配器（5分）				
		能够认知管理中心机（5分）				
		能够认知联网器（5分）				
		能够认知探测器（10分）				
		能够认知电锁（5分）				
		能够正确进行安装（15分）				
4	工作态度（5分）					
5	安全文明操作（5分）					
6	场地整理（5分）					
7	合计（100分）					

任务 2-3　楼宇对讲系统的安装与调试

2.3.1 学习目标

1. 能够安装楼宇对讲系统的各器件。
2. 掌握楼宇对讲系统的调试方法。
3. 能够识读接线图。

2.3.2 学习活动设计

一、任务描述

为小区某单元两户业主安装联网型访客对讲系统，一户安装室内非可视分机，另一户安装室内可视分机，实现密码开锁、刷卡开锁、访客对讲、遥控开锁等功能。

需要提交的成果有：楼宇对讲系统安装接线图及工作报告。

二、任务分析

楼宇对讲系统是目前各智能小区常用的智能化设备，本任务主要目标是使学生熟练地掌握楼宇对讲设备的安装及调试方法。因此在任务完成过程中需要参观智能楼宇实训室。

1. 了解楼宇对讲系统各器件的接线安装方法。

2. 能够对安装完成后的各个设备进行调试。

三、任务实施

（一）环境设备

1. 器件：门口主机、室内非可视分机、室内可视分机、层间分配器、电控锁、IC 卡、12V 和 18V 直流电源、网孔板、固定螺钉、热缩管等。

2. 工具：万用表、螺丝刀、尖嘴钳、斜口钳、剥线钳等。

3. 耗材：导线（ϕ0.5 的红、黑，ϕ0.3 的蓝、黄、绿、白）。

（二）操作指导

在智能实训室进行实战演练。

1. 器件及工具准备

2. 系统连接

（1）将设备固定在网孔板的指定位置。

将设备外壳拆开，并将其底板用 M3×10 的不锈钢自攻螺钉固定。

（2）根据设备及线槽位置，截取适当长度的导线，在导线上串入记号管，并对导线端头处适当焊锡。

（3）根据接线图进行系统连接，如图 2-30 所示。

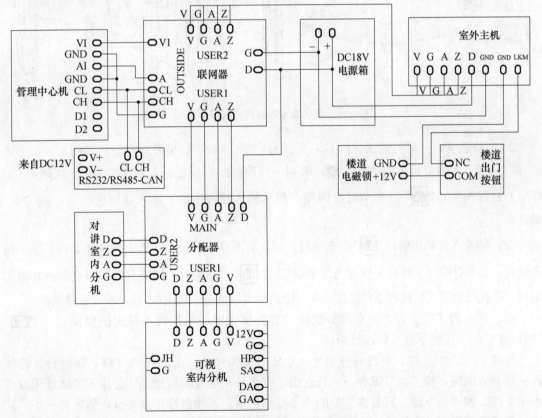

图 2-30　联网型楼宇对讲系统接线图

（4）使用万用表对安装完成的线路进行检测。

（5）对安装完成的设备进行调试，使其可以正常工作。

3. 撰写工作总结，分小组进行汇报

2.3.3 相关知识

一、室内分机的安装与调试

1. 多功能室内分机的安装

多功能室内分机的安装方法如图 2-31 所示。

（1）将底挂板固定在墙上。

（2）将信号线从预埋盒中拉出，与室内分机接好。

（3）将室内分机插在挂板上。

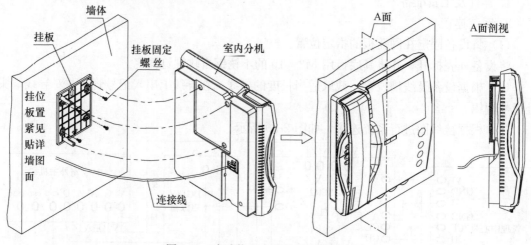

图 2-31　多功能室内分机的安装示意图

2. 多功能室内分机的调试（以 GST-DJ6815/15C/25/25C 型号室内分机为例）

（1）按下室内分机上的"♯"键，听到一短声提示音后松开，按"0"键，"◁×"（工作灯）红绿闪亮、"🏠"（布防灯）闪亮，提示输入超级密码，输入超级密码后，按"♯"键确认。

（2）如输入密码正确，"🏠"（布防灯）灭，有两声短音提示，进入调试状态；若输入密码错误，则"◁×"（工作灯）恢复为原来状态、"🏠"（布防灯）闪亮且有快节奏的声音提示错误，若此时想进入调试状态，需按"＊"键退出当前状态，再次按（1）步骤重新操作。

（3）进入调试状态后，若室内分机被设置为接受呼叫只振铃不显示图像模式，"✉"（短信灯）亮。按照下列步骤进行调试。

步骤 1：按"1"键，更改自身地址。地址必须为 4 位，由"0~9"数字键组合。若输入的是有效地址，按"♯"键有一声长音提示室内分机更改为新地址；若输入的地址无效或小于 4 位，按"♯"键，则有快节奏的声音提示错误；若想继续更改地址，需再按一下"1"键，然后重新进行此步骤。

步骤 2：按"2"键，设置显示模式。按一次，显示模式改变一次。"✉"（短信灯）亮时，室内分机设置为接受呼叫只振铃不显示图像模式；"✉"（短信灯）不亮时，室内分机为正常显示模式。

步骤 3：按"3"键，与一号室外主机可视对讲。要进行此项调试时，如正在步骤 4 状态可按"6"键退出，再按"3"键进入此项调试。

步骤 4：按"4"键，与一号门前铃可视对讲。要进行此项调试时，如正在步骤 3 状态可按"6"键退出，再按"4"键进入此项调试。

步骤 5：按"5"键，恢复出厂撤防密码。

步骤 6：按"6"键，正在可视对讲时，结束可视对讲。

按"＊"键，退出调试状态。

默认超级密码为 620818。

3．多功能室内分机常见故障与排除方法（表 2-16）

表 2-16　常见故障及排除方法

序号	故障现象	故障原因分析	排除方法
1	开机指示灯不亮	电源线未接好	接好电源线
2	无法呼叫或无法响应呼叫	1．通讯线未接好 2．室内分机电路损坏	1．接好通讯线 2．更换室内分机
3	被呼叫时没有铃声	1．扬声器损坏 2．处于免扰状态	1．更换室内分机 2．恢复到正常状态
4	室外主机呼叫室内分机或室内分机监视室外主机时显示屏不亮	1．显示模组接线未接好 2．显示模组电路故障 3．室内分机处于节电模式	1．检查显示模组接线 2．更换室内分机 3．系统电源恢复正常，显示屏可正常显示
5	能够响应呼叫，但通话不正常	音频通道电路损坏	更换室内分机

二、室外主机的安装与调试

1．室外主机的安装（图 2-32）

（1）门上开好孔位。

（2）把传送线连接在端子和线排上，插接在室外主机上。

（3）把室外主机和嵌入后备盒放置在门板的两侧，用螺钉牢固固定。

（4）盖上室外主机上下方的小盖。

2．室外主机的调试

（1）室外主机设置状态

给室外主机通电，若数码管有滚动显示的数字或字母，则说明室外主机工作正常。系统正常使用前应对室外主机地址、室内分机地址进行设置，联网型的还要对联网器地址进行设置。按"设置"键，进入设置模式状态，设置模式分为 $\boxed{F\,1}$ ～ $\boxed{F\,12}$。每按一下"设置"键，设置项切换一次，即按一次"设置"键进入设置模式 $\boxed{F\,1}$，按两次"设置"键进入设置模式 $\boxed{F\,2}$，依此类推。室外主机处于设置状态（数码显示屏显示 $\boxed{F\,1}$ ～ $\boxed{F\,12}$）时，可按"取消"键或延时自动退出到正常工作状态。

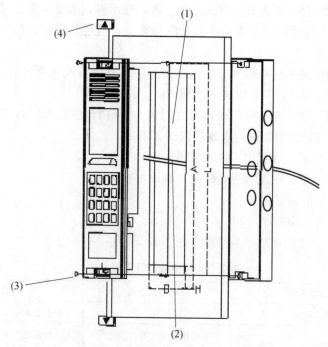

图 2-32　室外主机安装过程分解图

F1～F12 的设置见表 2-17。

表 2-17　室外主机设置

F1	住户开门密码	F2	设置室内分机地址
F3	设置室外主机地址	F4	设置联网器地址
F5	修改系统密码	F6	修改公用密码
F7	设置锁控时间	F8	注册 IC 卡
F9	删除 IC 卡	F10	恢复 IC 卡
F11	视频及音频设置	F12	设置短信层间分配器地址范围

（2）室外主机地址设置

按"设置"键，直到数码显示屏显示 $\boxed{\ F3}$，按"确认"键，显示 $\boxed{\_\_\_\_}$，正确输入系统密码后显示 $\boxed{\text{---}\_}$，输入室外主机新地址（1～9），然后按"确认"键，即可设置新室外主机的地址。

注意：一个单元只有一台室外主机时，室外主机地址设置为 1。如果同一个单元安装多个室外主机，则地址应按照 1～9 的顺序进行设置。

（3）室内分机地址设置

按"设置"键，直到数码显示屏显示 $\boxed{\ F2}$，按"确认"键，显示 $\boxed{\_\_\_\_}$，正确输入系统密码后显示 $\boxed{5\_ON}$，进入室内分机地址设置状态。此时室内分机摘机等待 3 秒后可与室外主机通话（或室外主机直接呼叫室内分机，室内分机摘机与室外主机通话），数码显示屏显示室内分机当前的地址。然后按"设置"键，显示 $\boxed{\_\_\_\_}$，按数字键，输入室内分机地址，按"确认"键，显示 $\boxed{LISN}$，等待室内分机应答。15 秒内接到应答闪烁显示新的地址码，

否则显示 $\boxed{\text{ﬡﬣSP}}$，表示室内分机没有响应。2秒后，数码显示屏显示 $\boxed{\text{S\_Oﬡ}}$，可继续进行分机地址的设置。

注意：在室内分机地址设置状态下，若不进行按键操作，数码显示屏将始终显示 $\boxed{\text{S\_Oﬡ}}$，不自动退出。连续按下"取消"键，可退出室内分机地址的设置状态。

（4）联网器楼号单元号设置

按"设置"键，直到数码显示屏显示 $\boxed{\text{ F4}}$，按"确认"键，显示 $\boxed{\text{\_\_\_\_}}$，正确输入系统密码后，先显示 $\boxed{\text{Addﬄ}}$，再显示联网器当前地址（在未接联网器的情况下一直显示 $\boxed{\text{Addﬄ}}$），然后按"设置"键，显示 $\boxed{\text{-\_\_\_}}$，输入三位楼号，按"确认"键，显示 $\boxed{\text{--\_\_}}$，输入两位单元号，按"确认"键，显示 $\boxed{\text{LISﬡ}}$，等待联网器的应答。15秒内接到应答，则显示 $\boxed{\text{SUCC}}$，否则显示 $\boxed{\text{ﬡﬣSP}}$，表示联网器没有响应，2秒钟后返回至 $\boxed{\text{ F4}}$ 状态。在有矩阵切换器存在的情况下，设置楼号单元号时需配合矩阵切换器学习的操作，即当矩阵切换器处于学习状态下，再进行楼号单元号的设置，具体操作参照《GST-DJ6708/8/16矩阵切换器安装使用说明书》。

注意：楼号单元号不应设置为楼号"999"单元号"99"和楼号"999"单元号"88"，这两组号均为系统保留号码。

（5）住户开锁密码设置

按"设置"键，直到数码显示屏显示 $\boxed{\text{ F1}}$，按"确认"键，显示 $\boxed{\text{\_\_\_\_}}$，输入门牌号，按"确认"键，显示 $\boxed{\text{\_\_\_\_}}$，等待输入系统密码或原始开锁密码（无原始开锁密码时输入系统密码），按"确认"键，正确输入系统密码或原始开锁密码后，显示 $\boxed{\text{P1 }}$，按任意键或2秒后，显示 $\boxed{\text{\_\_\_\_}}$，输入新密码。按"确认"键，显示 $\boxed{\text{P2 }}$，按任意键或2秒后显示 $\boxed{\text{\_\_\_\_}}$，再次输入新密码，按"确认"键，如果两次输入的密码相同，保存新密码，显示 $\boxed{\text{SUCC}}$，表明开锁密码设置成功，2秒后显示 $\boxed{\text{ F1}}$；若两次新密码输入不一致显示 $\boxed{\text{Eﬄﬄ.}}$，并返回至 $\boxed{\text{ F1}}$ 状态。若原始开锁密码输入不正确显示 $\boxed{\text{Eﬄﬄ.}}$，并返回至 $\boxed{\text{ F1}}$ 状态，可重新执行上述操作。

（6）注册IC卡

按"设置"键，直到数码显示屏显示 $\boxed{\text{ F8}}$，按"确认"键，显示 $\boxed{\text{\_\_\_\_}}$，正确输入系统密码后显示 $\boxed{\text{Fﬡ1}}$，按"设置"键，可以在 $\boxed{\text{Fﬡ1}}$ ～ $\boxed{\text{Fﬡ4}}$ 间进行选择，具体说明如下：

$\boxed{\text{Fﬡ1}}$：注册的卡在小区门口和单元内有效。输入房间号＋"确认"键＋卡的序号（即卡的编号，允许范围1～99）＋"确认"键，显示 $\boxed{\text{ﬄEﬠ}}$ 后，刷卡注册。

$\boxed{\text{Fﬡ2}}$：注册巡更时开门的卡。输入卡的序号（即巡更人员编号，允许范围1～99）＋"确认"键，显示 $\boxed{\text{ﬄEﬠ}}$ 后，刷卡注册。

$\boxed{\text{Fﬡ3}}$：注册巡更时不开门的卡。输入卡的序号（即巡更人员编号，允许范围1～99）＋"确认"键，显示 $\boxed{\text{ﬄEﬠ}}$ 后，刷卡注册。

$\boxed{\text{Fﬡ4}}$：管理员卡注册。输入卡的序号（即管理人员编号，允许范围1～99）＋"确认"键，显示 $\boxed{\text{ﬄEﬠ}}$ 后，刷卡注册。

3. 室外主机常见故障分析与排除方法（表 2-18）

表 2-18　常见故障分析与排除方法

序号	故障现象	原因分析	排除方法
1	住户看不到视频图像	视频线没有接好	重新接线，将视频输入和视频输出线交换
2	住户听不到声音	音频线没有接好	重新接线，将音频输入和音频输出线交换
3	按键时 LED 数码管不亮，没有按键音	无电源输入	检查电源接线
4	刷卡不能开锁或不能巡更	卡没有注册或注册信息丢失	重新注册
5	室内分机无法监视室外主机	室外主机地址不为 1	重新设定室外主机分机地址，使其为 1
6	室外主机一通电就报防拆报警	防拆开关没有压住	重新安装室外主机

三、管理中心机的安装连接与使用

1. 管理中心机的安装

管理中心机安装如图 2-33 所示所示。

（1）在墙壁的适当位置上打 4 个安装孔。

（2）将塑料胀管木螺钉组合装入墙壁 4 个安装孔内。

（3）将装入墙壁的螺钉从管理中心机底面安装孔穿入，把管理中心机固定在墙壁上。

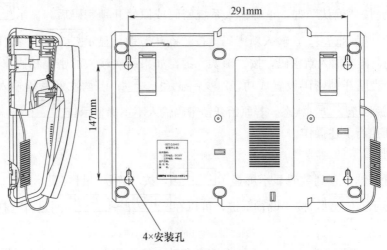

图 2-33　管理中心机装配图

2. 管理中心机的调试

（1）自检

正确连接电源、CAN 总线和音视频信号线，按住"确认"键通电，进入自检程序。此时，电源指示灯应点亮，液晶屏显示：

系统自检：
确认?

按"确认"键系统进入自检状态，按其他任意键退出自检。首先进行 SRAM 和 EEPROM 的检验，如 SRAM 或 EEPROM 有错误，则液晶屏显示：

> SRAM错误：
> 请检查电路!

> EEPROM错误：
> 请检查电路!

SRAM 和 EEPROM 检测通过则进入键盘检测。依次按"0～9"、"清除"、"确认"以及"呼叫"、"开锁"等所有功能键，显示屏显示输入键值。例如按"0"键，液晶屏显示：

> 键盘检测：
> 您按了"0"键!

键盘检测通过后，按住"设置"键，再按"0"键，进入报警声音及振铃音检测，液晶屏显示：

> 声音检测：
> 请按键!

显示的同时播放警车声，按任意键播放下一种声音，播放顺序如下：

①急促的嘀嘀声；

②消防车声；

③救护车声；

④振铃声；

⑤回铃声；

⑥忙音。

播放忙音时按任意键进入音视频部分的检测，液晶屏显示：

> 音视频检测：
> 按键退出!

图像监视器应该被点亮，按"清除"键进入指示灯检测，最左边的指示灯点亮，此时液晶屏显示：

> 指示灯检测：
> 请按键!

按任意键熄灭当前点亮的指示灯，点亮下一个指示灯，如此重复直到最右边的指示灯点亮。此时按任意键，进入液晶对比度调节部分的检测，液晶屏显示：

> 调节对比度：
> ◀□□□□□□□□□□□□□▶

按"◀"和"▶"键，调节液晶屏的对比度，按"◀"键减小对比度，按"▶"键增大对比度，将对比度调节到合适的位置，按"确认"或"清除"键，退出检测。

退出检测程序后，按任意键，背光灯点亮。如果上述所有检测都通过，说明此管理机基本功能良好。

注意：自检过程中若在 30 秒内没有按键操作，则自动退出自检状态。

（2）设置管理中心机地址

系统正常使用前需要设置系统内设备的地址。

GST-DJ6000 可视对讲系统最多可以支持 9 台管理中心机，地址为 1～9。如果系统中有多台管理中心机，管理中心机应该设置不同地址，地址从 1 开始连续设置，具体设置方法如下：

在待机状态下按"设置"键，进入系统设置菜单，按"◀"或"▶"键选择"设置地址?"菜单，液晶屏显示：

```
系统设置:
◀设置地址?        ▶
```

按"确认"键，要求输入系统密码，液晶屏显示：

```
请输入系统密码:
■
```

正确输入系统密码，液晶屏显示：

```
系统设置:
◀本机地址?        ▶
```

按"确认"键进入管理中心机地址设置，液晶屏显示：

```
请输入地址:
■
```

输入需要设置的地址值"1~9"，按"确认"键，管理中心机存储地址，恢复音视频网络连接模式为手拉手模式，设置完成退出地址设置菜单。若系统密码3次输入错误则退出地址设置菜单。

注意：管理中心机出厂时默认系统密码为"1234"，管理中心机出厂地址设置为1。

（3）联调

完成系统的配置以后可以进行系统的联调。

摘机，输入"楼号＋'确认'＋单元号＋'确认'＋950X＋'呼叫'"，呼叫指定单元的室外主机，与该机进行可视对讲。如能接通音视频，且图像和话音清晰，那么表示系统正常，调试通过。

如果不能很快接通音视频，管理中心机发出回铃音，液晶屏显示：

```
XXX—YY—950X:
正在呼叫
```

等待一定时间后，液晶屏显示：

```
通讯错误…
请检查通讯线路!
```

如果出现上述现象表示CAN总线通读不正常，请检查CAN通讯线的连接情况和通讯线的末端是否并接终端电阻。

若液晶屏显示：

```
XXX—YY—950X:
正在通话.
```

此时看不到图像，或者听不到声音，或者既看不到图像，也听不到声音，说明CAN总线通讯正常，音视频信号不正常，请检查音视频信号线连接是否正确。

说明：GST-DJ6406/08的监视图像为黑白，GST-DJ6406C/08C的监视图像为彩色，GST-DJ6405/07只有监听功能，不能监视到图像。

3. 管理中心机常见故障分析与排除方法（表 2-19）

表 2-19　故障分析与排除方法

序号	故障现象	原因分析	排除方法	备注
1	液晶无显示，且电源指示灯不亮	1. 电源电缆连接不良 2. 电源坏	1. 检查连接电缆 2. 更换电源	
2	电源指示灯亮，液晶无显示或黑屏	1. 液晶对比度调节不合适 2. 液晶电缆接触不良	1. 调节对比度 2. 检查连接电缆	通电后等 5 秒，然后按"'设置'＋'确认'"增大对比度，或者按"'设置'＋'清除'"减小对比度
3	呼叫时显示通讯错误	1. 通信线接反或没接好 2. 终端没有并接终端电阻	1. 检查通信线连接 2. 接好终端电阻	
4	显示接通呼叫，但听不到对方声音	1. 音频线接反或没接好 2. 矩阵没有配置或配置不正确	1. 检查音频线连接 2. 检查矩阵配置，重新配置矩阵	
5	显示接通呼叫，但监视器没有显示	1. 视频线接反或没有接好 2. 矩阵切换器没有配置或配置不正确	1. 检查视频线连接 2. 检查网络拓扑结构设置和矩阵配置，重新配置矩阵	
6	音频接通后自激啸叫	1. 扬声器音量调节过大 2. 麦克输出过大 3. 自激调节电位器调节不合适	1. 将扬声器音量调节到合适位置 2. 打开后壳，调节麦克电位器（XP2）到合适位置 3. 打开后壳，调节自激电位器（XP1）到合适位置	
7	常鸣按键音	键帽和面板之间进入杂物导致死键	清除杂物	

2.3.4　考核评价（表 2-20）

表 2-20　考核评价

序号	评价项目及标准		自评	互评	教师评分	总评
1	在规定的时间（180 分钟）内完成（5 分）					
2	能够进行有效的信息收集	楼宇对讲系统安装与调试信息收集（20 分）				
		填写信息收集表（10 分）				
3	系统安装与调试	能够正确安装室外门口主机（5 分）				
		能够正确安装室内分机（5 分）				
		能够安装层间分配器（5 分）				
		能够安装管理中心机（5 分）				
		能够安装联网器（5 分）				
		能够安装电锁（5 分）				
		能够正确进行调试（15 分）				

序号	评价项目及标准	自评	互评	教师评分	总评
4	工作态度（5分）				
5	安全文明操作（5分）				
6	场地整理（5分）				
7	合计（100分）				

任务 2-4　室内安防系统的安装与调试

2.4.1　学习目标

1. 能够安装室内安防系统的各器件。
2. 掌握室内安防系统的调试方法。
3. 能够识读接线图。

2.4.2　学习活动设计

一、任务描述

学生通过参观智能楼宇实训室并参与实践后，对楼宇安防系统有更深刻的理解。

需要提交的成果有：实践报告及心得体会。

二、任务分析

室内安防系统是目前各智能小区常用的安防系统之一，本任务主要目标是使学生熟练地掌握室内安防设备的安装及调试方法，因此在任务完成过程中需要参观智能楼宇实训室。

1. 了解楼宇对讲系统各器件的接线安装方法。
2. 能够对安装完成后的各个设备进行调试。
3. 能够看懂接线图并选择最优路径进行布线。

三、任务实施

（一）环境设备

1. 器件：管理中心机、联网器、层间分配器、门口主机、非可视室内分机、可视对讲室内分机、紧急按钮、红外探测器、门磁、可燃气体探测器、工作 12V 直流电源、18V 直流电源、网孔板等。

2. 工具：万用表、螺丝刀、尖嘴钳、斜口钳、剥线钳等。

3. 耗材：导线（ϕ0.5 的红、黑，ϕ0.3 的蓝、黄、绿、白）、热缩管、固定螺钉等。

（二）操作指导

1. 在任务 2-3 的基础上进行室内安防系统的器件安装

（1）工器具准备。

（2）按照接线图进行接线。

2. 对安装完成的设备进行调试，使其可以正常工作

3. 撰写工作总结，分小组进行汇报

2.4.3　相关知识

一、楼宇对讲门禁系统及室内安防系统

楼宇对讲门禁及室内安防系统是一种简便易行、无人值守、易于普及的控制系统，常用于各类大厦、高层公寓和智能住宅小区，对于确保区域和室内安全、实现智能化管理具有重要作用。

楼宇对讲门禁系统是指采用现代电子技术在小区、大楼或住户的出入口对人员的进出实施放行、拒绝、记录和报警等操作的整套电子自动化系统。

室内安防系统是指为了保证住户在住宅内的人身和财产安全，通过在住宅内门、窗和室内其他部位安装各种探测器实施监控，通过室内对讲门禁系统传输至小区管理中心，提示保安人员迅速确认警情，及时赶到现场，以确保住户的人身和财产安全，同时，住户也可通过室内紧急求助系统向小区管理中心发出求救信号。如图 2-34 所示，室内安防子系统报警探测器由门磁、红外探测器、可燃气体探测器、紧急按钮组成。

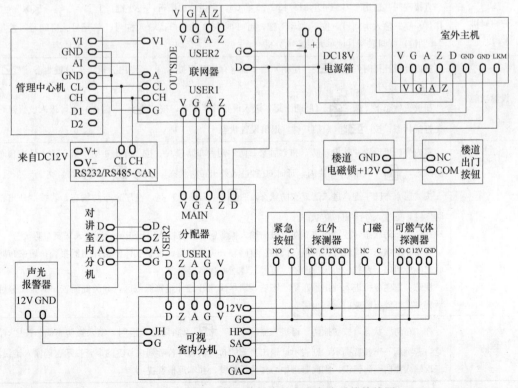

图 2-34　某楼宇对讲门禁系统及室内安防系统接线图

通过小区联网，可实现对整个小区内所有安装家庭安全防范系统的用户进行集中的保安接警管理。每个家庭的安全防范系统通过总线都可将报警信号传送至管理中心，管理人员可确认报警的位置和类型，同时计算机还显示与住户相关的一些信息，以供保安人员及时和正确地进行接警处理。

楼宇对讲门禁系统和室内安防系统有机地结合在一起，是智能楼宇自动化必不可少的配套设施，也是实现智能楼宇自动化的重要设施。

二、室内安防子系统的调试

1. 室内安防子系统布撤防

室内安防子系统可通过多功能可视室内分机进行相应的布防和撤防，多功能室内可视分机布撤防见表 2-21。

表 2-21　多功能室内可视分机使用

功能	操作
监视	摘机/挂机时，按"👁"（监视）键，显示本单元室外主机的图像，如本单元有多个入口，可依次监视各个入口的图像。15 秒内按"👁"（监视）键，室内分机会监视下一室外主机的图像。监视过程中摘机，可与被监视的设备通话
呼叫室外主机	室内分机摘机后，按"🔑"（开锁）键 2 秒钟（有一短声提示音），室内分机呼叫室外主机
呼叫管理中心	室内分机摘机后，按"📞"（呼叫）键，呼叫管理中心机。管理中心机响铃并显示室内分机的号码，管理中心摘机可与室内分机通话，通话完毕，挂机。若通话时间到，管理中心机和室内分机自动挂机
户户对讲	直接呼叫（适用于 GST-DJ6815/15C/25/25C），室内分机摘机，按小键盘上"＃"键，"🔇"（工作灯）亮；输入房间号，按下"＃"键，可呼叫本单元住户；输入栋号、单元号、房间号，按下"＃"键，呼叫联网其他单元的室内分机
设置功能	室内分机挂机时，按"✉"（短信）键 2 秒（有一短声提示音），室内分机进入设置状态，"✉"（短信灯）快闪。 在设置状态下，按"📞"（呼叫）键，进入设置铃声状态；按"👁"（监视）键，进入设置是否免打扰状态；按"✉"（短信）键，退出设置状态
布防	室内分机可设置"外出布防"和"居家布防"两种布防模式。按"外出布防"键，进入外出预布防状态，"🏠"（布防灯）快闪，延时 60 秒进入外出布防状态，此时"🏠"（布防灯）亮。 按"居家布防"键，进入居家布防状态，"🏠"（布防灯）亮。在居家布防状态，若按"外出布防"键，则进入外出预布防状态。 在外出布防状态，按"居家布防"键需输入撤防密码，若输入密码正确，则进入居家布防状态。 外出布防状态响应红外探测器、门磁、窗磁、火灾探测器、可燃气体泄漏探测器报警；居家布防状态响应门磁、窗磁、火灾探测器、可燃气体泄漏探测器报警。 注意：室内分机进入外出预布防状态后，请尽快离开红外报警探测区，并关好门窗，否则 1 分钟后将触发红外报警或门窗磁报警
撤防	在"布防"状态，按"撤防"键进入撤防状态，"🏠"（布防灯）慢闪，输入撤防密码。按"＃"键，若听到一声长音提示，则表示已退出当前的布防状态；若听到快节奏的声音提示密码输入错误，三次输入撤防密码错误，则向管理中心传防拆报警，并本地报警提示

功能	操作
撤防密码更改	待机状态，按下"撤防"键2秒（有一短声提示音），进入撤防密码更改状态，""（布防灯）慢闪。输入原密码并按"♯"键，若密码正确，听到两声短音提示，可输入新密码，按"♯"键，听到两声短音提示再次输入新密码，若两次输入的新密码一致，再按"♯"键，会听到一声长音提示，表示密码修改成功，启用新的撤防密码。若两次输入的新密码不一致，按"♯"键，会听到快节奏的声音提示错误，此时密码仍为原密码；若想继续修改密码，输入新密码，按"♯"键听到两声短音，提示再次输入新密码，若两次输入的新密码一致，按"♯"键，会听到一声长音提示密码修改成功，启用新的撤防密码。 注意：请牢记密码，以备撤防时使用；密码由"0～9"十个数字键构成，密码可以是0到6位。出厂默认没有密码
密码、地址初始化	设置方法：按住""（呼叫）键后，给可视室内机重新通电，听到提示音后按住""（开锁）键2秒（有一短声提示音），室内分机地址恢复为默认地址101，撤防密码初始化为默认密码（适用于GST-DJ6815/15C/25/25C）。进行此项设置后，密码、地址初始化为默认值

2. 报警处理

管理中心机可进行报警提示，并对报警信号进行处理。

在待机状态下，室外主机或室内分机若采集到传感器的异常信号，广播会发送报警信息。管理中心机接到该报警信号，立即显示报警信息。报警显示时显示屏上行显示报警序号和报警种类，序号按照报警发生时间的先后排序，即1号警情为最晚发生的报警，下行循环显示报警的房间号和警情发生的时间。当有多个警情发生时，各个报警轮流显示，每个报警显示大约5秒钟。例如，2号楼1单元503房间2月24号11：30发生火灾报警，紧接着11：40分2号楼1单元502房间也发生火灾报警，则液晶屏显示：

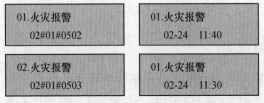

报警显示的同时伴有声音提示。不同的报警对应不同的声音提示：火警为消防车声，匪警为警车声，求助为救护车声，燃气泄漏为急促的"嘀嘀"声。

在报警过程中，按任意键取消声音提示，按"◀"或"▶"键可以手动浏览报警信息，摘机按"呼叫"键，输入"管理员号＋'确认'＋操作密码或直接输入系统密码＋'确认'"，如果密码正确，清除报警显示，呼叫报警房间，通话结束后清除当前报警，如果三次密码输入错误退回报警显示状态。按除"呼叫"键的任意一个键，输入"管理员号＋'确认'＋操作密码或直接输入系统密码＋'确认'"进入报警复位菜单，液晶屏显示：

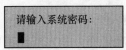

正确输入系统密码进入报警显示清除菜单，液晶屏显示：

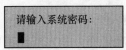

按"◀"或"▶"键可以在菜单"清除当前报警?"和"清除全部报警?"之间切换，以选择要进行的操作，按"确认"键执行指定操作。例如要清除当前报警，那么选择"清除当前报警?"菜单，按"确认"键，液晶屏显示：

> 报警复位：
> 报警已清除！

2.4.4 考核评价（表2-22）

表 2-22 考核评价

序号	评价项目及标准		自评	互评	教师评分	总评
1	在规定的时间（180分钟）内完成（10分）					
2	能够进行有效的信息收集	楼宇对讲及室内安防系统信息收集（20分）				
		填写信息收集表（5分）				
3	系统安装	能够正确进行室内安防系统的安装（25分）				
		能够正确进行室内安防系统的调试（25分）				
4	工作态度（5分）					
5	安全文明操作（5分）					
6	场地整理（5分）					
7	合计（100分）					

知识梳理与总结

1. 楼宇对讲系统常见的类型有单元型和联网型对讲系统。

2. 楼宇对讲系统主要由室外门口主机、室内分机、管理中心机、层间分配器及联网器等组成。

3. 常用的探测器有四线制和两线制两种。

4. 室内安防子系统一般由多功能可视室内分机进行布防和撤防。

思考与练习

1. 简述楼宇对讲系统的组成、功能和原理。

2. 某住宅单元共四层，每层三户住户，要为其安装可视门禁对讲系统，绘制简单的系统连接图。

3. 室外门口主机由哪些部分组成？

4. 可视对讲室内分机与非可视对讲室内分机的功能有哪些，接线端口与接线方式有什么区别？

5. 层间分配器通常安装在什么位置？主要作用是什么？

6. 收集常用锁具的资料，比较各自工作原理有什么不同，使用时分别有哪些特点？

7. 联网型访客对讲系统是如何组成的？有哪些基本功能？有哪些拓展功能？

8. 分别简述用室外门口主机和管理中心机设置住户地址以及呼叫住户的方法。

9. 刷卡型出入口控制系统常用的卡片有哪些？查找相关资料，总结不同卡片的原理与特点。

10. 室内安防系统常用哪些探测器，如果用多功能室内可视分机进行控制，如何进行接线？

技能拓展

［楼宇对讲系统安装与调试］工作任务页

学习小组		指导教师	
姓名		学号	

工作任务描述

安装访客对讲系统，并接入小区管理中心机。要求实现三方通信、遥控开锁等功能，并设置门口机地址为9，分机地址101、102、201、202，每户注册一张IC卡，设置公共开门密码147258，住户开门密码依次为1015、1025、2015、2025。202住户家中撤防密码123321，设置为居家布防状态，连接紧急按钮、门磁、被动红外探测器和可燃气体探测器，检查探测器工作是否正常，用计算机软件查询开门记录和报警记录并输出，另新创建值班人13，密码333，权限为一般管理员。

任务基本信息确认

任务组长	任务是否清楚	工具准备	资料准备

工作流程

工作流程	描述	资源/时间
流程1		
流程2		
流程3		
流程4		
……		

学习资料

［1］汪海燕．《安防设备安装与系统调试》［M］．北京：清华大学出版社，2012年2月．

［2］王建玉．《智能建筑安防系统施工》［M］．北京：中国电力出版社，2012年8月．

［3］张小明．《楼宇智能化系统与技能实训》［M］．北京：中国建筑工业出版社，2011年5月．

［4］查阅《常用探测器参数手册》．

［5］设备的使用及编程说明书．

资讯提供（资讯）

1. 需要哪些设备？数量分别是多少？

2. 需要哪些工具?

3. 任务内容有哪些? 组内如何分工?

4. 设备安装位置有什么要求?

5. 安装完成后,通电前应如何检查?

6. 列出调试内容表格。

分组讨论(计划、决策)

实施记录

自查					
检查项目	评价标准	分值	自查	互查	备注
系统安装	能够根据工作任务提供设备清单进行备料,能识别选择合适的器件和材料,并能选择所需工具	40分			
	能够根据工作任务合理安装器件,并能按规范要求接线,接线质量符合要求				
	能够认真查验器件安装及线路连接的正确性,并能用万用表进行检查				
	器件安装位置合理、美观,走线美观				
	能够遵守安全操作规程,不违规操作,不带电作业				

检查项目	评价标准	分值	自查	互查	备注
系统调试	能够根据工作任务列出所需调试项目，能仔细阅读说明书，并能按分工做好准备工作	40分			
	1. 能正确进行室外门口主机调试 2. 能正确进行室内分机调试 3. 能正确进行管理中心机调试 4. 能正确进行软件操作				
	能认真填写调试报告				
系统维护	理解可视对讲系统常见故障 掌握可视对讲系统维修方法	20分			
	能够正确分析故障产生的原因 能进行故障的维修				
	能正确填写维修报告单				

教师评价				
学生整体表现：	□未达要求		□已达要求	

考核项目	表现要求		表现		备注
			√	×	
专业能力 （60分）	器件安装位置正确， 连接正确（25分）	室外门口主机安装正确，接线正确			
		室内分机安装正确，接线正确			
		管理中心机安装正确，接线正确			
		联网器安装正确，接线正确			
		层间分配器安装正确，接线正确			
	系统调试（25分）	门口主机调试			
		室内分机调试			
		管理中心机调试			
		系统软件操作			
	故障维修（10分）	故障分析正确			
		能进行故障维修			
学习能力 （20分）	积极主动，勤学好问，能够理论联系实际（10分）				
	与组员的沟通协调及学习能力（5分）				
	反应能力、团队意识等综合素质（5分）				
方法能力 （20分）	能够做出安装、调试的详细计划（10分）				
	能够按照任务的要求做出相应的决策，并严格遵守操作规程，能够安全文明操作（5分）				
	明确学习目标和任务目标（5分）				

指导教师评语：

指导教师签字：

年　月　日

实训体会：

学生签字：

年　月　日

项目三　电视监控系统的安装与调试

项目描述

　　某物业管理公司工程部对小区的电视监控系统进行维修，作为物业公司工程部人员，需了解系统的构成、设备的使用，并掌握系统的安装与调试。

教学导航

1. 知识目标

(1) 了解监控系统的组成。

(2) 掌握器件的使用与接线方式。

(3) 掌握系统的安装与调试方法。

2. 能力目标

(1) 能够识读电视监控系统图。

(2) 能够正确进行系统的安装与调试。

(3) 能够正确使用工具。

3. 素质目标

(1) 调动学生主动学习的积极性，培养学生善于动脑、勤于思考和敢于实践的基本素质。

(2) 培养学生分析问题和解决问题的能力。

任务 3-1　电视监控系统的认知

3.1.1　学习目标

1. 了解电视监控系统的工作过程。

2. 掌握电视监控系统的组成。

3. 能够识读系统图。

3.1.2　学习活动设计

一、任务描述

学生通过参观智能楼宇实训室，了解电视监控系统的工作过程，掌握系统的组成。

需要提交的成果有：参观总结，系统组成图。

二、任务分析

本系统中视频监控子系统由监视器、矩阵主机、硬盘录像机、高速球云台摄像机、彩色半球摄像机、红外摄像机、枪式摄像机以及常用的报警设备组成，可完成对智能大楼（小区）、管理中心等区域的视频监视及录像。因此在任务完成过程中需要：

1. 参观智能小区电视监控系统，了解系统的工作过程及组成。
2. 参观智能楼宇实训室，掌握系统的组成，并画出系统图。

三、任务实施

（一）环境设备

1. 某智能小区电视监控系统。
2. 楼宇智能安防实训室。

（二）操作指导

1. 参观智能小区的电视监视系统

（1）成员分工。如表3-1所示，根据学生数量把全班分成5～6个小组，每组以6～8人为宜，每组各选一名组长，在老师的指导下，共同完成任务。

表 3-1 小组一览表

小组名称：　　　　　　　　　　　　　　　　　　　　　工作理念：

序号	姓名	职务	岗位职责

（2）6S管理：明确并在工作过程中实施6S管理，即整理、整顿、清扫、清洁、素养、安全。

（3）收集信息并填写信息收集表（表3-2），查阅和学习表中知识点。

（4）进行参观，详细记录参观内容（表3-3）。

表 3-2 信息收集表

信息收集
什么是电视监控系统？

电视监控系统的组成及功能。

表 3-3　参观记录表

参观内容
1. 参观智能小区的名称？
2. 参观的电视监控系统由哪几大模块组成？
3. 参观中所认识的器件及其功能？

2．参观智能实训室

（1）根据成员分工，进行参观记录。

（2）画出智能实训室中电视监控系统组成框图。

（3）说明系统的工作过程。

3．撰写工作总结，分小组进行汇报

3.1.3　相关知识

一、电视监控系统

电视监控系统是现代化安防系统的重要组成部分，它在主要通道、重要场所、出入口及周界设置前端摄像机，将图像传送到管理中心，管理中心对整个小区进行实时监控和记录，与录像系统配套，实现自动、长期、全面的监控效果，使管理人员充分了解实时动态。电视监控系统有以下几个种类：

（1）模拟闭路电视监控系统

模拟监控系统发展较早，常被称为第一代监控系统，主要由摄像机、视频矩阵、监视器、录像机等组成。该系统特点有：视频、音频信号的采集、传输、存储均为模拟形式，质量最高，技术成熟，系统功能强大、完善；但只适用于较小的地理范围，与信息系统无法交换数据，监控仅限于监控中心，应用的灵活性较差，不易扩展，如图 3-1 所示。

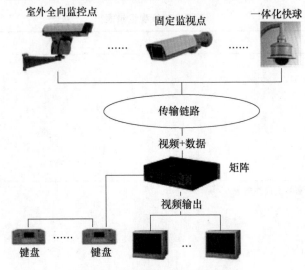

图 3-1　模拟闭路电视监控系统

（2）基于微机平台的数字电视监控（DVR）系统

DVR 是近几年迅速发展的第二代监控系统，采用微机和 Windows 平台，在计算机中安装视频压缩卡和相应的 DVR 软件，不同型号视频卡可连接 1/2/4 等路视频，支持实时视频和音频，除了完成传统监控功能，还可实现数字硬盘录像，并通过通信网络，将这些信息传到一个或多个监控中心。该系统特点是：视频、音频信号的采集、存储主要为数字形式，质量较高，系统功能较为强大、完善，与信息系统可以交换数据，应用的灵活性较好。

DVR 系统从监控点到监控中心为模拟方式传输，与第一代系统相似，存在许多缺陷，要实现远距离视频传输需铺设（租用）光缆，在光缆两端安装视频光端机设备，系统建设成本高，不易维护且维护费用较大。随着信息处理技术的不断发展，嵌入式 DVR 系统近几年异军突起，由于其可靠性高、使用安装方便，在银行系统应用特别广泛。

（3）基于嵌入式视频服务器的网络化数字电视监控系统

网络数字监控就是将传统的模拟视频信号转换为数字信号，通过计算机网络来传输，通过智能化的计算机软件来处理。系统将传统的视频、音频及控制信号数字化，以 IP 包的形式在网络上传输，实现了视频/音频的数字化、系统的网络化、应用的多媒体化以及管理的智能化，如图 3-2 所示。

二、电视监控系统的组成

一般电视监控系统由摄像（图像及声音信息获取）、传输、显示和记录、控制四大部分组成，如图 3-3 所示。

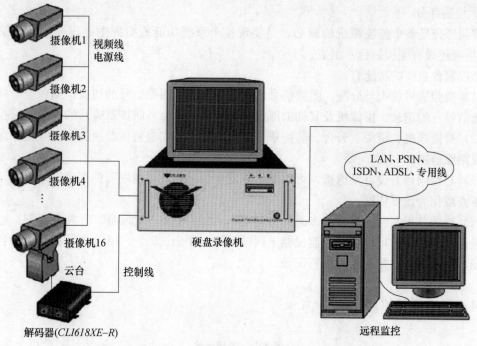

图 3-2　基于嵌入式视频服务器的网络化数字电视监控系统

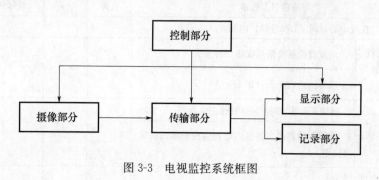

图 3-3　电视监控系统框图

1. 摄像部分

摄像部分即前端视频采集系统,主要由摄像机、镜头、云台、智能球形摄像机等组成。这些设备将现场的图像、数据等信号进行拾取并转换为中心控制设备能够处理的信号格式。

2. 传输部分

传输部分用于视频信号和控制信号的传输,包括同轴电缆、双绞线及光纤设备的传输,以实现将视频信号传输至控制室,同时将操作员发出的控制指令传输至前端设备。传输部分主要由传输线、视频分配放大器等组成。

视频信号的传输方式主要由传输距离、摄像机的数量及其他方面的有关要求决定的。对于近距离的信号传输主要采用视频基带同轴电缆直接传送,远距离信号传输,特别是远距离传输多路黑白电视信号时,多采用双绞线平衡传输方式。

3. 显示和记录部分

把从现场传来的电信号转换成在监视设备上显示的图像,同时用录像机予以记录。显示设备为监视器,目前使用的记录设备主要为硬盘录像机。

4. 控制部分

控制部分是整个监控系统的核心，是实现整个系统功能的指挥中心。主要由总控制台（有些系统还设有副控制台）组成。

总控制台主要的功能有：

（1）视频信号放大与分配、图像信号的矫正与补偿、图像信号的切换、图像信号（或包括声音信号）的记录、摄像机及其辅助部件（如镜头、云台、防护罩等）的控制（遥控）。

（2）对摄像机、镜头、云台、防护罩等进行遥控，以完成对被监视的场所全面、详细地监视或跟踪监视。

（3）总控制台上设有录像机，可以随时把发生情况的被监视场所的图像记录下来，以便事后备查或作为重要依据。

（4）有的总控制台上设有"多画面分割器"，如四画面、九画面、十六画面等。也就是说，通过这个设备，可以在一台监视器上同时显示出 4 个、9 个、16 个摄像机送来的各个被监视场所的画面，并用录像机进行记录。

3.1.4 考核评价（表3-4）

表 3-4　考核评价

序号	评价项目及标准		自评	互评	教师评分	总评
1	在规定的时间（180分钟）内完成（10分）					
2	能够进行有效的信息收集	电视监控系统信息收集（20分）				
		填写信息收集表（10分）				
3	认知系统	能够正确画出参观小区电视监控系统图（25分）				
		能够正确指出实训室内电视监控系统的组成（15分）				
4	工作态度（5分）					
5	安全文明操作（10分）					
6	场地整理（5分）					
7	合计（100分）					

任务 3-2　器件认知

3.2.1 学习目标

1. 了解电视监控系统的器件组成。

2. 掌握电视监控系统的接线图及器件的安装方法。

3.2.2　学习活动设计

一、任务描述

学生通过参观智能楼宇电视监控系统及智能楼宇实训室，了解电视监控系统的器件组成及各器件的安装方法。

需要提交的成果有：器件功能及安装方法的简述报告。

二、任务分析

电视监控系统是目前各智能小区最常用的安防系统之一，本任务主要目标是使学生了解电视监控系统各器件的功能及设备的安装方法，因此在任务完成过程中需要：

1. 参观智能小区电视监控系统，深入了解各器件的外貌及其功能。

2. 参观智能楼宇实训室，掌握电视监控系统的组成，了解各器件的接线端子及安装方法。

三、任务实施

（一）环境设备

1. 器件：摄像机、云台、支架、监视器、矩阵主机、硬盘录像机、电脑。

2. 工具：斜口钳、剥线钳、电烙铁、螺丝刀、万用表。

3. 耗材：视频线、摄像机电源线、固定用的螺钉、焊锡。

（二）操作指导

1. 参观智能小区的电视监控系统

（1）成员分工。

（2）认知摄像机、云台及支架。

（3）认知矩阵主机、硬盘录像机。

（4）认知监视器。

（5）6S 管理：明确并在工作过程中实施 6S 管理，即整理、整顿、清扫、清洁、素养、安全。

（6）收集信息并填写信息收集表（表 3-5），查阅和学习表中知识点。

表 3-5　信 息 收 集 表

信息收集
电视监控系统所用各器件名称。
各器件的功能分别是什么？

（7）进行参观，详细记录参观内容（表 3-6）。

表 3-6　参观记录表

参观内容
1. 记录哪些器件是不认识的。
2. 对不认识的器件依据所学知识进行合理的猜想。

2. 参观智能实训室

（1）根据成员分工，填写参观记录。

（2）画出智能实训室中各器件接线端子的功能图。

（3）说明各器件的功能并简述工作原理。

3. 撰写工作总结，分小组进行汇报

3.2.3　相关知识

一、摄像部分

摄像部分是电视监控系统的前沿部分，是整个系统的"眼睛"，主要用于对公共区域、重点区域进行摄像，并将视频信号传送到后端进行处理，它被安放在被监视场所的某一位置上，使其视角能覆盖被监视的各个部位。

电视监控系统的摄像部分主要由摄像机、云台、支架、防护罩、解码器等组成。

1. 摄像机

摄像机在监控系统中是拾取图像信号的设备。目前广泛使用的是电荷耦合式摄像机，简称 CCD 摄像机。摄像机种类很多，按成像色彩分可分为彩色和黑白两种；按结构分可分为普通单机型、机板型、针孔型、半球型；按图像信号处理方式分可分为全数字式摄像机、带数字信号处理功能的摄像机、模拟式摄像机等。

目前，电视监控系统常用的摄像机有：

（1）枪式摄像机

枪式摄像机由摄像机和镜头两大部分组成，用户可以根据监控现场的实际环境和自己的要求，为摄像机选配合适的镜头，根据选用镜头的不同，枪式摄像机可以实现远距离监控或广角监控。枪式摄像机主要有彩色枪式摄像机、黑白枪式摄像机和红外枪式摄像机等，如图 3-4、图 3-5 所示。枪式摄像机的应用范围广泛，小区、道路、酒店、停车场、广场、银行、商场、体育馆、医院等公共场所随处可见。

 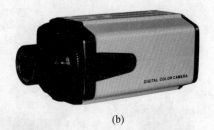

(a) (b)

图 3-4 枪式摄像机

（a）彩色；（b）黑白

图 3-5 红外枪式摄像机

（2）半球式摄像机

半球式摄像机，顾名思义就是形状是个半球。半球式摄像机内部由摄像机、自动光圈手动变焦镜头、密封性能优异的球罩和精密的摄像机安装支架组成，如图 3-6 所示，其最大的特点是设计精巧、美观且易于安装。半球式摄像机大多用于室内小范围的监控场合，例如重要部位出入口、通道、电梯轿箱等。

图 3-6 半球式摄像机

（3）高速球式摄像机

高速球式摄像机是一种智能化摄像机前端，全名为高速智能化球式摄像机，或者一体化高速智能球，简称快球、高速球，如图 3-7 所示。高速球是监控系统最复杂和综合表现效果最好的摄像机前端，它运行速度快、运行平稳、定位精确，能够适应高密度、最复杂的监控场合。高速球是一种集成度相当高的产品，集成了云台系统、通讯系统和摄像机系统。

① 云台系统是指电机带动的旋转部。

② 通讯系统是指对电机的控制以及对图像和信号的处理部分，高速球的通讯问题涉及到通讯协议和通讯方式。通讯协议是指高速球跟主机系统通讯的时候，选择的通讯协议，比如 pelco、曼码、松下、菲利普协议等；通讯方式是指这些通讯协议采用什么方式来进行通讯，比如 485 通讯方式、232 通讯方式、422 通讯方式、同轴视控通讯方式。一般来讲，高速球多采用 485 通讯方式，而通讯协议不同厂家各自不同。

图 3-7　高速球式摄像机

③ 摄像机系统是指采用的一体机机心。具体来说，高速球采用"精密微分步进电机"实现高速球快速、准确的定位、旋转。所有这一切都是通过 CPU 的指令来实现的，将摄像机的图像、摄像机的功能写进高速球的 CPU，实现在控制云台的时候，将图像传输出来，并且能同时控制摄像机的很多功能，例如白平衡、快门、光圈、变焦、对焦等。

一般高速球分为球心部分、外壳部分及配件部分。任何厂家的高速球都有一个用机架包住的一体机机心、控制解码主板和由电机云台系统统一起来的球心部分。球心部分跟外壳用螺丝或者别的方式连接起来，球心是核心部分。外壳一般有多种外观，上外壳采用铝合金，也有塑料的；下外壳是透明罩部分，透明罩必须采用光学透明罩才能保证通光率和图像无变形，同时还要考虑防老化、防破坏、防尘等问题。配件部分一般包括支架部分、加热器部分和散热部分。配件还包括电源部分，一般采用的都是 24V 2A～3A 电流的变压器供电。

2. 云台

如图 3-8 所示，摄像机云台是一种安装在摄像机支撑物上的工作平台，用于摄像机与支撑物之间的连接，云台具有水平和垂直回转的功能。它在控制电压（云台控制器输出的电压）的作用下，做水平和垂直转动，使摄像机能在大范围内对准并摄取所需要的观察目标。云台与摄像机配合使用能达到扩大监视范围的作用，提高了摄像机的使用价值。

云台按照使用环境分为室内型、室外型、防爆型、耐高温型和水下型。按回转特点分为可左右旋转的水平云台和既能左右又能上下旋转的全方位云台。按外形分为普通型和球型。

图 3-8　云台

3. 支架

如果摄像机只是固定监控某个位置不需要转动，那么只用摄像机支架就可以满足要求了。普通摄像机支架安装简单、价格低廉，而且种类繁多，如图 3-9 所示。普通支架有短的、长的、直的、弯的，根据不同的要求选择不同的型号。室外支架主要考虑负载能力是否合乎要求，再有就是安装位置，因为从实践中我们发现，很多室外摄像机安装位置特殊，有的安装在电线杆上，有的立于塔吊上，有的安装在铁架上等，由于种种原因，现有的支架可能难以满足要求，需要另外加工或改进，这里就不再多说了。

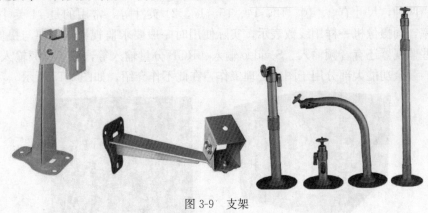

图 3-9　支架

4. 防护罩

防护罩也是监控系统中最常用的设备之一，主要分为室内和室外两种，如图 3-10 所示。室内防护罩主要区别是体积大小，外形是否美观，表面处理是否合格，功能主要是防尘、防破坏。室外防护罩密封性能一定要好，保证雨水不能进入防护罩内部侵蚀摄像机。有的室外防护罩还带有排风扇、加热板、雨刮器，可以更好地保护设备。当天气太热时，排风扇自动工作；太冷时加热板自动工作；当防护罩玻璃上有雨水时，可以通过控制系统启动雨刮器。挑选防护罩时先看整体结构，安装孔越少越利于防水，再看内部线路是否便于连接，最后还要考虑外观、重量、安装座等。

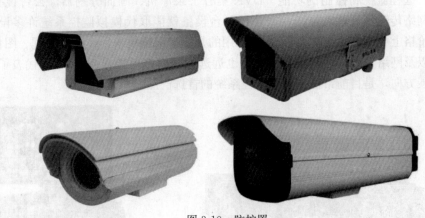

图 3-10　防护罩

5. 解码器

解码器也称为接收器、驱动器，是为带有云台、变焦镜头等可控设备提供驱动电源并与控制设备进行通信的前端设备。通常解码器可以控制云台的上、下、左、右旋转，变焦镜头的变焦、聚焦、对光圈以及对防护罩雨刷器、摄像机电源、灯光等设备的控制，还可以提供若干个辅助功能开关，以满足不同用户的实际需要。

二、显示与记录部分

1. 监视器

监视器是监控系统的标准输出，有了监视器我们才能观看前端送过来的图像。监视器分彩色、黑白两种，尺寸有 9、10、12、14、15、17、21 英寸等，常用的是 14 英寸。监视器也有分辨率，同摄像机一样用线数表示，实际使用时一般要求监视器线数要与摄像机匹配。另外，有些监视器还有音频输入、S-video 输入、RGB 分量输入等，除了音频输入监控系统会用到外，其余功能大部分用于图像处理工作，在此不作介绍，如图 3-11 所示。

(a)   (b)

图 3-11　监视器

（a）CRT 监视器；（b）液晶监视器

2. 硬盘录像机

硬盘录像机（Digital Video Recorder，DVR），即数字视频录像机，相对于传统的模拟视频录像机，数字视频录像机采用硬盘录像，故常常被称为硬盘录像机，也被称为 DVR，如图 3-12 所示。它是一套进行图像存储处理的计算机系统，具有对图像、语音进行长时间录像、录音、远程监视和控制的功能。DVR 集合了录像机、画面分割器、云台镜头控制、报警控制、网络传输等五种功能于一身，用一台设备就能取代模拟监控系统许多设备的功能，而且在价格上也逐渐占有优势。DVR 采用的是数字记录技术，在图像处理、图像储存、检索、备份以及网络传递、远程控制等方面也远远优于模拟监控设备，DVR 代表了电视监控系统的发展方向，是目前市面上视频监控系统的首选产品。

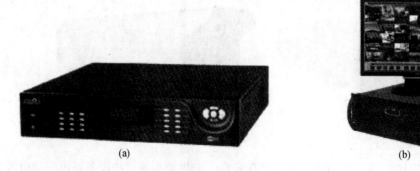

(a)   (b)

图 3-12　硬盘录像机

（a）嵌入式硬盘录像机；（b）PC 式硬盘录像机

硬盘录像机的主要功能包括：监视功能、录像功能、报警功能、控制功能、网络功能、密码授权功能和工作时间表功能等。

① 监视功能：监视功能是硬盘录像机最主要的功能之一，能否实时、清晰地监视摄像机的画面，是监控系统的一个核心问题，目前大部分硬盘录像机都可以做到实时、清晰地监视。

② 录像功能：录像效果是数字主机的核心和生命力所在，在监视器上看到的实时和清晰的图像，录下来回放效果不一定好，而取证效果最主要的还是要看录像效果，一般情况下录像效果比监视效果更重要。大部分 DVR 的录像都可以做到实时 25 帧/s 录像，有部分录像机总资源小于 5 帧/s，通常情况下分辨率都是 CIF 或者 4CIF，1 路摄像机录像 1h 大约需要 180MB~1GB 的硬盘空间。

③ 报警功能：主要指探测器的输入报警和图像视频侦测的报警，报警后系统会自动开启录像功能，并通过报警输出功能开启相应射灯、警号和联网输出信号。图像移动侦测是 DVR 的主要报警功能。

④ 控制功能：主要指通过主机对全方位摄像机云台、镜头进行控制，一般要通过专用解码器和键盘完成。

⑤ 网络功能：通过局域网或者广域网，经过简单身份识别可以对主机进行各种监视录像控制的操作，相当于本地操作。

⑥ 密码授权功能：为减少系统的故障率和非法进入，对于停止录像，布撤防系统及进入编程等程序需设密码口令，使未授权者不得操作。

⑦ 工作时间表功能：对某一摄像机的某一时间段进行工作时间编程，这也是数字主机独有的功能，它可以把节假日、作息时间表的变化全部预排到程序中，可以在一定意义上实现无人值守。

三、控制部分

1. 视频分配器

一路视频信号对应一台监视器或录像机，若想一台摄像机的图像送给多个管理者看，最好选择视频分配器。因为并联视频信号衰减较大，送给多个输出设备后由于阻抗不匹配等原因，图像会严重失真，线路也不稳定。视频分配器除了阻抗匹配，还有视频增益，使视频信号可以同时送给多个输出设备而不受影响。

2. 视频切换器

多路视频信号要送到同一处监控，可以一路视频对应一台监视器，但监视器占地大、价格贵，如果不要求时时刻刻监控，可以在监控室增设一台切换器，把摄像机输出信号接到切换器的输入端，切换器的输出端接监视器，切换器的输入端分为 2、4、6、8、12、16 路，输出端分为单路和双路，而且还可以同步切换音频（视型号而定），如图 3-13 所示。切换器有手动切换、自动切换两种工作方式：手动方式是想看哪一路就把开关拨到哪一路；自动方式是让预设的视频按顺序延时切换，切换时间通过一个旋钮可以调节，一般在 1s 到 35s 之间。切换器的价格便宜（一般只有三五百元），连接简单，操作方便，但

图 3-13 视频切换器

在一个时间段内只能看输入中的一个图像。要在一台监视器上同时观看多个摄像机图像，就需要用画面分割器。

3. 画面分割器

画面分割器有四分割、九分割、十六分割几种，可以在一台监视器上同时显示四、九、十六个摄像机的图像，也可以送到录像机上记录，如图3-14所示。四分割是最常用的设备之一，其性能价格比也较好，图像的质量和连续性可以满足大部分要求。九分割和十六分割价格较贵，而且分割后每路图像的分辨率和连续性都会下降，录像效果不好。另外还有六分割、八分割、双四分割设备，但图像比率、清晰度、连续性并不理想，市场使用率很小。大部分分割器除了可以同时显示图像外，也可以显示单幅画面，可以叠加时间和字符，设置自动切换，连接报警器材。

图3-14 画面分割器

4. 矩阵主机

常用的控制部分设备为视频矩阵切换器，矩阵主机是模拟设备，负责对前端视频源与控制线的切换控制，主要是配合电视墙使用，完成画面切换的功能，不具备录像功能，如图3-15所示。其主要功能就是实现对输入视频图像的切换输出，将视频图像从任意一个输入通道切换到任意一个输出通道显示。M×N矩阵表示同时支持 M 路图像输入和 N 路图像输出。不论矩阵的输入输出通道多少，它们的控制方法都大致相同：前面板按键控制、分离式键盘控制、第三方控制（RS-232/422/485 等）。

四、传输部分

当视频传输距离比较远时，最好采用线径较粗的视频线，同时可以在线路内增加视频放大器，如图3-16所示，增强信号强度达到远距离传输的目的。视频放大器可以增强视频的亮度、色度和同步信号，但线路内干扰信号也会被放大，另外，回路中不能串接太多视频放大器，否则会出现饱和现象，导致图像失真。

图3-15 矩阵主机

图3-16 视频放大器

3.2.4　考核评价（表3-7）

表 3-7　考核评价

序号	评价项目及标准		自评	互评	教师评分	总评
1	在规定的时间（180分钟）内完成（5分）					
2	能够进行有效的信息收集	电视监控系统器件信息收集（20分）				
		填写信息收集表（10分）				
3	认知器件	能够正确认知摄像机（10分）				
		能够正确认知矩阵主机（10分）				
		能够认知硬盘录像机（10分）				
		能够认知监视器（5分）				
		能够进行正确安装（15分）				
4	工作态度（5分）					
5	安全文明操作（5分）					
6	场地整理（5分）					
7	合计（100分）					

任务 3-3　电视监控系统的安装与调试

3.3.1　学习目标

1. 掌握电视监控系统各设备的安装方法。
2. 掌握电视监控系统的调试方法。
3. 能够识读接线图。

3.3.2　学习活动设计

一、任务描述

为小区安装电视监控系统，系统采用多种摄像头，控制中心安装硬盘录像机、矩阵主机、监视器及计算机等设备。

需要提交的成果有：电视监控系统接线图及工作报告。

二、任务分析

本工作任务主要目标是使学生熟练地掌握电视监控系统设备的安装及调试方法。因此在任务完成过程中，学生需掌握：

1. 电视监控系统摄像部分的安装与调试。
2. 电视监控系统控制部分的安装与调试。

三、任务实施

（一）环境设备

1. 器件：摄像机、云台、支架、监视器、矩阵主机、硬盘录像机、电脑
2. 工具：斜口钳、剥线钳、电烙铁、螺丝刀、万用表
3. 耗材：视频线、摄像机电源线、固定用的螺钉、焊锡

（二）操作指导

1. 工器具准备
2. 在智能实训室进行系统安装

（1）成员分工。如表 3-8 所示，根据学生数量把全班分成 5～6 个小组，每组以 6～8 人为宜，每组各选一名组长，在老师的指导下，共同完成任务。

表 3-8　小组一览表

小组名称：　　　　　　　　　　　　　　　　　　　　　　　工作理念：

序号	姓名	职务	岗位职责

（2）收集信息并填写信息收集表（表 3-9），查阅和学习表中知识点。

表 3-9　信息收集表

信息收集
电视监控系统的组成。
电视监控系统的安装方法及调试。

（3）按照系统图进行摄像机、矩阵主机、硬盘录像机、监视器的安装与连接。

（4）按照图 3-19 所示，将探测器连接到硬盘录像机的报警端子上。

（5）对安装完成的设备进行调试，使其可以正常工作。

3. 撰写工作总结，分小组进行汇报

3.3.3 相关知识

一、系统安装

1. 视频线的 BNC 接头制作

BNC 接头有压接式、组装式和焊接式，制作压接式 BNC 接头需要专用卡线钳和电工刀。BNC 接头制作步骤如下：

（1）剥线

同轴电缆由外向内分别为保护胶皮、金属屏蔽网线（接地屏蔽线）、乳白色透明绝缘层和芯线（信号线），如图 3-17 所示。芯线由一根或几根铜线构成，金属屏蔽网线是由金属线编织的金属网，内外层导线之间用乳白色透明绝缘物填充，内外层导线保持同轴故称为同轴电缆。本任务中采用同轴电缆（SYV75-3）的芯线由多根铜线组成。

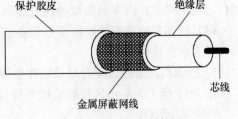

图 3-17 同轴电缆结构图

用小刀或者剪刀将 1 根 1m 同轴电缆外层保护胶皮划开并剥去 1.0cm 长的保护胶皮，不能割断金属屏蔽网的金属线，把裸露出来的金属屏蔽网理成一股金属线，再将芯线外的乳白色透明绝缘层剥去 0.4cm 长，使芯线裸露。

（2）连接芯线

BNC 接头由 BNC 本体（带芯线插针）、屏蔽金属套筒和尾巴组成，芯线插针用于连接同轴电缆芯线。一般情况下，芯线插针固定在 BNC 接头本体中。

把屏蔽金属套筒和尾巴穿入同轴电缆中，将拧成一股的同轴电缆金属屏蔽网线穿过 BNC 本体固定块上的小孔，并使同轴电缆的芯线插入芯线插针尾部的小孔中，同时用电烙铁焊接芯线与芯线插针，焊接金属屏蔽网线与 BNC 本体固定块。

（3）压线

使用电工钳将固定块卡紧同轴电缆，将屏蔽金属套筒旋紧 BNC 本体。重复上述方法在同轴电缆另一端制作 BNC 接头即制作完成。

（4）测试

使用万用电表检查视频电缆两端 BNC 接头的屏蔽金属套筒与屏蔽金属套筒之间是否导通，芯线插针与芯线插针之间是否导通，若其中有一项不导通，则视频电缆断路，需重新制作。

使用万用电表检查视频电缆两端 BNC 接头的屏蔽金属套筒与芯线插针之间是否导通，若导通，则视频电缆短路，需重新制作。

2. 摄像机的安装

（1）在满足监视目标视角范围要求的条件下，其安装高度为室内离地不低于 2.5m，室外离地不低于 3.5m。

（2）监控摄像头及其配套装置，如镜头、防护罩、支架、雨刷等，安装应牢固，运转应灵活，注意防破坏，并与周边环境相协调。

（3）在强电磁干扰环境下，监控摄像头安装应与地绝缘隔离。

（4）信号线和电源线应分别引入，外露部分用软管保护，并不影响云台的转动。

3. 云台、解码器安装

（1）云台的安装应牢固，转动时无晃动。

（2）应根据产品技术条件和系统设计要求，检查云台的转动角度范围是否满足要求。

（3）解码器应安装在云台附近或吊顶内（但需留有检修孔）。

4. 控制设备安装

（1）控制台、机柜（架）安装位置应符合设计要求，安装应平稳牢固、便于操作维护。机柜（架）背面、侧面离墙净距离应符合维修要求。

（2）电视监控系统的所有控制、显示、记录等终端设备根据需要安装在相应的控制柜（架）内，其中监视器（屏幕）应避免外来光直射，当不可避免时，应采取避光措施。在控制台、机柜（架）内安装的设备应有通风散热系统，内部接插件与设备连接应牢固。

（3）控制室内所有线缆应根据设备安装位置设置电缆槽和进线孔，排列、捆扎整齐，编号，并有永久性标志。

5. 摄像机、矩阵、硬盘录像机和监视器间视频线缆的连接

图 3-18 所示为某小区视频监控系统接线示意图。

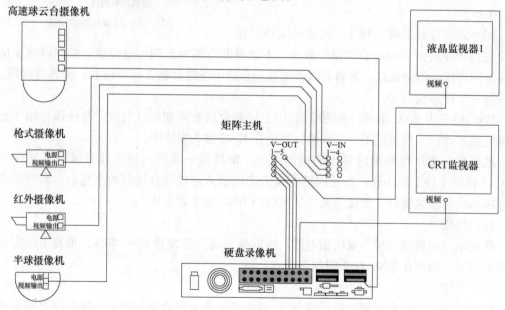

图 3-18　某小区视频监控系统接线示意图

（1）视频线的连接

高速球式云台摄像机的视频输出连接到矩阵的视频输入 1，枪式摄像机的视频输出连接到矩阵的视频输入 2，红外枪式摄像机的视频输出连接到矩阵的视频输入 3，半球式摄像机的视频输出连接到矩阵的视频输入 4。

矩阵的视频输出 5 连接到液晶监视器的输入 1，矩阵的视频输出 1~4 对应连接到硬盘

录像机的视频输入 1～4。

硬盘录像机的输出连接到 CRT 监视器的视频输入 1。

（2）视频电源连接

高速球式云台摄像机的电源为 AC24V，枪式摄像机、红外枪式摄像机、半球式摄像机的电源为 DC12V，矩阵、硬盘录像机、监视器的电源为 AC220V。

（3）控制线连接

高速球式云台摄像机的云台控制线连接到硬盘录像机的 A（＋）、B（－）。

（4）高速球式云台摄像机通讯协议设置

高速球式云台摄像机的协议及波特率设置：打开高速球式云台摄像机的防护罩，并取下高速球式云台摄像机的机芯，在机芯背面将拨码开关 SW1 拨码为 000 100，即为 PELCO-D，2400，见表 3-10。

表 3-10　高速球拨码

协议类型	SW1 拨码开关			波特率	SW1 拨码开关		
	1	2	3		4	5	6
PELCO-D	0	0	0	1200	0	0	0
PELCO-P	1	0	0	2400	1	0	
DAIWA	1	0	1	4800	0	1	
SAMSUNG	1	1	1	9600	1	1	
ALEC	0	0	1				
YAAN	0	1	0				
B01	0	1	1				
自动识别	0	0	0		0	0	

高速球式云台摄像机的地址设置：打开高速球式云台摄像机的防护罩，并取下高速球式云台摄像机的机芯，在机芯背面将拨码开关 SW2 拨码为 1000 0000，即地址为 1，见表 3-11。

表 3-11　高速球地址设置

球机地址	开关设置							
	1	2	3	4	5	6	7	8
1	1	0	0	0	0	0	0	0
2	0	1	0	0	0	0	0	0
3	1	1	0	0	0	0	0	0
...	...	...	...	...	...	...	...	...
255	1	1	1	1	1	1	1	1

注意：采用矩阵控制高速球时，有些矩阵需要错开 N 位（1 或 2），如高速球式摄像机的拨码地址为 3，则矩阵的输入通道有可能为 1、2、3、4、5（减 1 或 2，加 1 或 2）。

6. 探测器接线

如图 3-19 所示，红外对射探测器的接收器的公共端 COM 连接到硬盘录像机报警接口的地端，常开端 NC 连接到硬盘录像机报警接口 1。

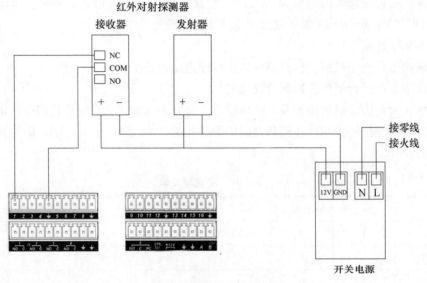

图 3-19 探测器接线示意图

二、系统编程及操作

1. 监视器的使用

（1）打开电源和监视器的电源开关

（2）图像调整

将遥控器对准监视器的遥控接收窗，按一下"菜单"键，显示"图像"菜单，接着按"上移/下移"键选择要调整项，按"增加/减少"键，对选择项进行增、减操作。

（3）系统设置

将遥控器对准监视器的遥控接收窗，连续按两下"菜单"键，显示"系统"菜单，接着按"上移/下移"键选择要调整项，按"增加/减少"键，对选择项进行增、减操作。

（4）浏览设置

将遥控器对准监视器的遥控接收窗，连续按三下"菜单"键，显示"系统"菜单，接着按"上移/下移"键选择要调整项，按"增加/减少"键，对选择项进行增、减操作。

（5）监视器的操作

①视频手动切换

将遥控器对准监视器的遥控接收窗，连续按两下"菜单"键，显示"系统"菜单，接着按"上移/下移"键，选择"视频"，按"增加/减少"键，将在"输入 1"和"输入 2"之间切换。

②视频自动切换

将遥控器对准监视器的遥控接收窗，连续按三下"菜单"键，显示"浏览"菜单，接着按"上移/下移"键，选择"通道选择"，按"增加/减少"键，将进入"输入 1"和"输入 2"设置界面。

可按"上移/下移"键,选择"输入1"或"输入2",按"增加/减少"键,将该通道设置为"开"或者"关",本任务中需要将"输入1"和"输入2"设置为"开"。

按"浏览"键返回到浏览设置菜单,按"上移/下移"键选择浏览开关,并按"增加/减少"键将其设置为"开"。

2. 矩阵的使用

(1) 矩阵切换 (表 3-12)

表 3-12 矩阵主机矩阵切换

序号	操作方法
1	按数字键"5"→"MON",即可切换到通道5的输出
2	按数字键"2"→"CAM",即可切换输入通道2到输出

注意:上述操作需将矩阵输出5连接到液晶监视器的输入1。

(2) 队列切换 (表 3-13)

表 3-13 矩阵主机队列切换

序号	操作方法
1	在常规操作时,按"MENU"键可进入键盘菜单
2	此时可按"↑"键上翻菜单或按"↓"键下翻菜单,直到切换到"7)矩阵菜单"
3	按"Enter"键,即可进入矩阵菜单,在监视器上可观察到如下菜单: 1 系统配置设置 2 时间日期设置 3 文字叠加设置 4 文字显示特性 5 报警联动设置 6 时序切换设置 7 群组切换设置 8 群组顺序切换 9 报警记录查询 10 恢复出厂设置
4	按"↑"键或按"↓"键将菜单前闪烁的"▷"切换到"6 时序切换设置"
5	按"Enter"键,即可进入队列切换编程界面,如下所示: 视频输出 01　　　　　　　　驻留时间 02 视频输入 01=0001　09=0009　17=0017　25=0025 02=0002　10=0010　18=0018　26=0026 03=0003　11=0011　19=0019　27=0027 04=0004　12=0012　20=0020　28=0028 05=0005　13=0013　21=0021　29=0029 06=0006　14=0014　22=0022　30=0030 07=0007　15=0015　23=0023　31=0031 08=0008　16=0016　24=0024　32=0032

序号	操作方法
6	按"↑"键或按"↓"键将切换闪烁的"▶",表示当前修改的参数,通过输入数字并按"Enter"键完成相应的参数修改,最后将其内容修改如下所示: 视频输出 05　　　　　　　　　　　　　　驻留时间 05 视频输入 01＝0001　09＝0000　17＝0000　25＝0000 02＝0003　10＝0000　18＝0000　26＝0000 03＝0002　11＝0000　19＝0000　27＝0000 04＝0004　12＝0000　20＝0000　28＝0000 05＝0003　13＝0000　21＝0000　29＝0000 06＝0004　14＝0000　22＝0000　30＝0000 07＝0001　15＝0000　23＝0000　31＝0000 08＝0002　16＝0000　24＝0000　32＝0000
7	按"DVR"键,返回到矩阵菜单
8	按"DVR"键,退出矩阵菜单
9	连续按"Exit"键两次,退出设置菜单
10	按"SEQ"键,即可在输出通道5执行队列切换输出
11	按"Shift"＋"SEQ"键,即可停止该队列

(3) 云台控制 (表3-14)

表3-14　矩阵主机云台控制

序号	操作方法
1	按"5"→"MON"键,切换到通道5输出
2	按"1"→"CAM"键,切换输入的摄像机1 注意:这里需要高速球式云台摄像机的地址为1,通讯协议为Pelco-d,波特率为2400
3	控制矩阵的摇杆,即可控制高速球式云台摄像机进行相应的转动
4	按"Zoom Tele"或"Zoom Wide"键即可实现镜头的拉伸
5	使用摇杆和矩阵键盘切换到高速球需监视的预置点1
6	按"1"输入预置点号"1",并按"Shift"＋"Call"键,设置智能球机的预置点
7	预置点的调用,按"1"→"CALL"即可切换到预置点1

3. 硬盘录像机的使用 (表3-15)

表3-15　硬盘录像机主菜单进入

序号	操作方法
1	使用监视器的遥控器将监视器切换到视频2 注意:这里需要将硬盘录像机的输出连接到监视器的输入2

序号	操作方法
2	按硬盘录像机面板上的"MULT"键，即可实现单画面和四画面切换
3	硬盘录像机正常开机后，按硬盘录像机的"Enter"确认键，监视器的显示弹出"登录系统"对话框，并在"登录系统"界面中，选择用户名"888888"，输入密码"888888"，切换到"确定"按钮，按"Enter"键即可登录系统 登录系统 用户　888888 密码 确定　　取消 密码选项的输入法

（1）画面切换及系统登录

注意：本嵌入式硬盘录像机可通过"左、右"方向键切换各个选项，"上、下"方向键切换选项内容，"Enter"为确定键，"Esc"为取消键。密码选项的输入法可通过"⇧"切换。"123"表示输入数字，"ABC"表示输入大写字母，"abc"表示输入小写字母，"：/?"表示输入特殊符号。数字键区则用于输入数字字符、字母字符或者其他特殊符号。

（2）高速球式云台摄像机的控制（表3-16）

本操作中，高速球已经连接到硬盘录像机，且高速球解码器的地址为3，通讯协议为Pelco-d，波特率为2400。

表3-16　硬盘录像机控制高速球式云台摄像机调试方法

序号	功能	操作方法
1	参数设置	在硬盘录像机上，登录系统后，依次进入"主菜单→系统设置→云台设置"界面，并设置参数。通道：1，协议：Pelco-d，地址：4，波特率：2400，数据位：8，停止位：1，校验：无 使用鼠标左键点击"保存"按钮，保存设置的参数，点击鼠标右键退出参数设置系统 云台控制 通道　1 协议　DAHUA 地址　1 波特率　9600 数据位　8 停止位　1 校验　无 复制　粘贴　默认　保存　取消

序号	功能	操作方法
2	云台控制	将监视器的显示界面切换到高速球式云台摄像机的监控图像 单击鼠标右键，并选择右键菜单的"云台控制"，进入云台控制界面，如下图所示： 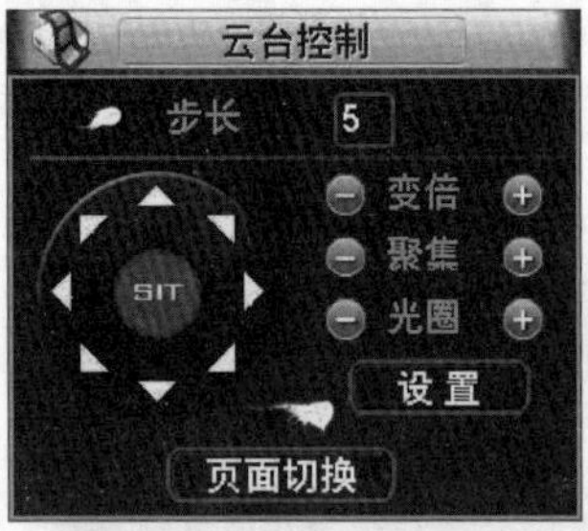 使用鼠标左键点击云台控制界面的"上、下、左、右"即可控制高速球式云台摄像机进行上、下、左、右转动 使用鼠标左键点击"变倍"、"聚焦"、"光圈"的"＋"和"－"，即可实现相应的操作 点击"设置"按钮，进入设置"预置点"、"点间巡航"、"巡迹"、"线扫边界"等，如下图所示： 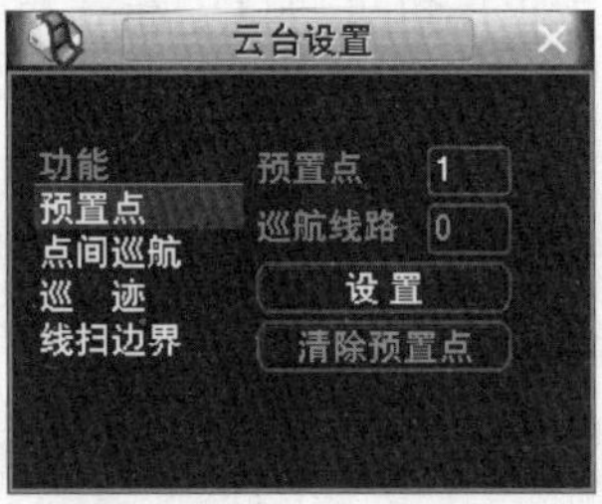
3	预置点设置	通过云台控制页面，转动摄像头至需要的位置，再切换到云台控制界面2，点击预置点按钮，在预置点输入框中输入预置点值，点击"设置"按钮保持参数设置
4	预置点的调用	在预置点的值输入框中输入需要调用的预置点，并点击预置点按钮即可进行调用 点击鼠标右键，返回到云台控制界面1，并点击"页面切换"按钮，进入云台控制界面3，在云台控制界面3中，主要为功能的调用，如下图所示： 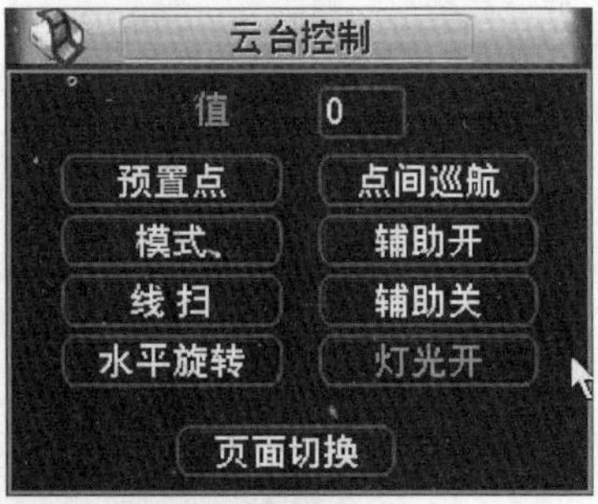
5	高速球式云台摄像机的预置点顺序扫描	首先，设置高速球式云台摄像机的不同位置预置点1、2、3、4、5、6；接着，在硬盘录像机上打开云台控制界面3，设置值为51，点击"预置点"按钮，即可实现第一条预置点扫描 注意：高速球式云台摄像机的特殊预置点51～59分别对应9条预置点扫描队列，可通过设置相应的预置点，并调用该队列的预置点号实现预置点顺序扫描，见附录B表B-1

序号	功能	操作方法
6	高速球式云台摄像机的顺时针或逆时针360°自动扫描	首先，使用硬盘录像机调节高速球式摄像机的监控画面为水平监视；接着，调用高速球式摄像机特殊预置点号65；最后，再调用自动扫描速度的扫描号8（可把扫描号当作特殊的预置点），即可实现高速球式摄像机顺时针360°自动扫描 注意：高速球式云台摄像机的顺时针或逆时针360度自动扫描主要通过调用预置点65实现，其中代表其速度的预置点号从1到20，速度级别1级最慢、10级最快。详细见附录B表B-2、B-3所示
7	高速球式云台摄像机的水平线扫	首先，设置水平线扫的起点11号预置点和终点21号预置点，接着调用66号预置点，再调用1号预置点，则高速球式云台摄像机执行在预置点11号和21号的顺时针水平扫描 注意：线扫的起点和终点应为同一水平面上的两个不同点，不同的扫描号对应的起止点（预置点）不一致，具体可参考附录B表B-4，表内预置点斜杠前的数值为起点，斜杠后的数值为终点
8	删除所有的预置点	通过调用特殊预置点号71，即可删除所有的预置点

（3）手动录像（表3-17）

表3-17　硬盘录像机手动录像调试方法

序号	操作方法
1	登录系统，依次进入"高级选项"、"录像控制"界面，使用鼠标选择相应的手动录像通道，并点击"确定"键保存参数设置，即可完成该通道的手动录像，如下图所示：
2	等待10分钟后，将通道1的录像控制状态改为"关闭"，即可关闭通道1的录像

（4）定时录像（表3-18）

表3-18　硬盘录像机定时录像调试方法

序号	操作方法
1	登录系统，依次进入"高级选项"、"录像控制"界面，将通道2的录像状态改为"自动"，保存并退出
2	依次进入"系统设置"、"录像设置"界面，参数设置为通道：2，星期：全，时间段1：00：00—24：00（注意：这里可修改为当前系统时间到录像结束时间，一般录像时间可依据教学时间进行设置，将开始时间设置为当前时间，结束时间为当前时间多加10分钟左右），选择时间段1的"普通"，其他保持默认设置，选择保存并退出，即打开通道2的定时录像功能

（5）系统报警及联动（表 3-19）

表 3-19　硬盘录像机报警联动控制

序号	操作方法
1	将高速球式云台摄像机的镜头对准智能大楼的门口方向，在硬盘录像机上设置云台控制界面 2 的值为"1"，点击"预置点"，并退出云台控制界面
2	在硬盘录像机上登录系统，依次进入"高级选项"、"录像控制"界面，将通道 3 的录像状态改为"自动"，保存并退出
3	依次进入"系统设置"、"录像设置"界面，参数设置为通道：3，星期：全，时间段 1：00：00—24：00，选择时间段 1 的"报警"，其他保持默认设置，保存并退出
4	依次进入"系统设置"、"报警设置"界面，参数设置为报警输入：1，报警源：本机输入，设备类型：常开型，录像通道选中"3"，延时为 10 秒，报警输出选中"1"，时间段 1：00：00—24：00，并选中时间段 1 的"报警输出"和"屏幕提示" 
5	使用鼠标左键点击云台预置点右边的"设置"按钮，在打开的云台联动设置界面中，选择通道一为"预置点"，设置值为"1"，点击"保存"并退出 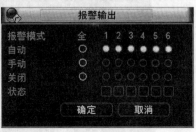
6	依次进入"高级选项"、"报警输出"界面，并将所有的通道选择"自动"，左键单击"确定"保存并退出

序号	操作方法
7	用物体挡在红外对射探测器之间，即在屏幕上提示报警，且开始录像通道 1 的画面，观察硬盘录像机的录像指示灯的状态。打开紧急按钮，并观察监视器屏幕显示、硬盘录像机的录像指示灯的状态

4. WEB 使用方法

（1）使用标准的 B 类网线连接硬盘录像机的 NET 口到计算机上。

（2）给电脑主机和硬盘录像机分别设置 IP 地址、子网掩码和网关（如网络中没有路由设备请分配同网段的 IP 地址，若网络中有路由设备，则需设置好相应的网关和子网掩码），硬盘录像机的网络设置见【系统设置】→【网络设置】)。

（3）利用 ping ＊＊＊.＊＊＊.＊＊＊.＊＊＊（硬盘录像机 IP）检验网络是否连通，返回 TTL 值一般等于 255。

（4）打开 IE 网页浏览器，地址栏输入要登录的硬盘录像机的 IP 地址。

（5）WEB 控件自动识别下载，升级新版 WEB 时将原控件删除。

（6）登陆与注销

在浏览器地址栏里输入录像机的 IP 地址，并连接。连接成功弹出如图 3-20 所示的界面。

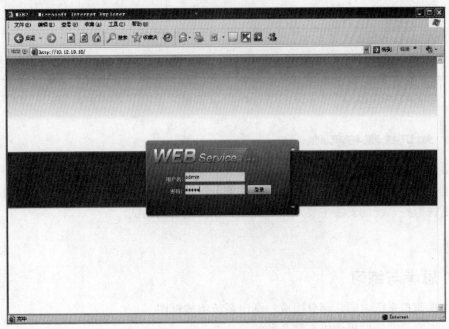

图 3-20　登录界面

输入用户名和密码，公司出厂默认管理员用户名为 admin，密码为 admin。登录后请用户及时更改管理员密码。

打开系统时，弹出安全预警是否接受硬盘录像机的 WEB 控件 webrec. cab，请用户选择接受，系统会自动识别安装。如果系统禁止下载，请确认是否安装了其他禁止控件下载的插件，并降低 IE 的安全等级。

登录成功后，显示摄像机正在监控的界面。

3.3.4 考核评价（表3-20）

表 3-20 考核评价

序号	评价项目及标准		自评	互评	教师评分	总评
1	在规定的时间（180分钟）内完成（5分）					
2	能够进行有效的信息收集	电视监控系统安装与调试信息收集（15分）				
		填写信息收集表（5分）				
3	系统安装与调试	能够正确安装摄像机（10分）				
		能够正确安装矩阵主机（10分）				
		能够正确安装硬盘录像机（10分）				
		能够正确安装监视器（5分）				
		能够安装探测器（10分）				
		能够正确进行调试（15分）				
4	工作态度（5分）					
5	安全文明操作（5分）					
6	场地整理（5分）					
7	合计（100分）					

知识梳理与总结

1. 目前智能小区常用的电视监控系统为数字化电视监控系统。
2. 电视监控系统主要由摄像部分、传输部分、控制部分、显示与记录部分等组成。
3. 电视监控系统的安装主要掌握电缆的制作及设备的调试。

思考与练习

1. 电视监控系统由哪几部分组成？画出系统组成框图。
2. 电视监控系统的摄像机有哪几种？
3. 如何制作 BNC 视频头并进行系统接线？
4. 硬盘录像机的主要作用？
5. 矩阵主机的作用？
6. 高速球式云台摄像机通讯协议如何设置？
7. 矩阵切换如何设置？
8. 电视监控系统安装过程中应注意哪些问题？

技能拓展

[电视监控系统的安装与调试] 　工作任务页

学习小组		指导教师	
姓名		学号	

工作任务描述

　　某小区安装电视监控系统，要求高速球式摄像机接第一通道，红外枪式摄像机接第二通道，枪式摄像机接第三通道，半球式摄像机接第四通道，将矩阵的视频输出与硬盘录像机的视频输入对应连接，并连接各摄像机电源及快速球机通信线。将矩阵的第五通道输出连接到液晶监视器的视频输入。通过系统参数设置，液晶监视器显示画面切换的图像。切换顺序为：第3路输入→第1路输入→第2路输入→第4路输入。通过对矩阵的参数设置，实现输入画面的队列切换。切换顺序为：第4路输入→第2路输入→第1路输入→第3路输入。设置一个任意位置的预置点，要求实现的功能如下：(1) 触发任意一报警探测器，快速球摄像机应能从其他监控位置转向预置点，声光报警器发出声光警示信号，实现报警录像，预录时间为10s。(2) 将监控区域平均分成左右两个区域，区域左侧为不设防区域，右侧为设防区域，灵敏度等级为5，布防时间段为8：00～17：00，当硬盘录像机接收到半球摄像机的动态监测信号时，半球摄像机将监控的窗口区域录像，声光报警器发出声光警示信号，并进行录像。通过设置，要求在CRT监视器上显示的摄像机画面无重复，通过硬盘录像机可控制高速球式云台摄像机旋转、变焦和聚焦。

任务基本信息确认

任务组长	任务是否清楚	工具准备	资料准备

工作流程

工作流程	描述	资源/时间
流程1		
流程2		
流程3		
流程4		
……		

学习资料

[1] 汪海燕.《安防设备安装与系统调试》[M]. 北京：清华大学出版社，2012年2月.

[2] 王建玉.《智能建筑安防系统施工》[M]. 北京：中国电力出版社，2012年8月.

[3] 张小明.《楼宇智能化系统与技能实训》[M]. 北京：中国建筑工业出版社，2011年5月.

[4] 查阅《常用摄像机参数手册》.

[5] 上网搜索相关专业技术网站.

[6] 国家标准网 http：//cx.spsp.gov.cn/index.aspx.

资讯提供（资讯）

1. 如何安装枪式摄像机?

2. 如何将摄像机与矩阵主机进行连接？

3. 如何调试矩阵主机及硬盘录像机？

4. 如何进行电视监控系统的维护？

分组讨论（计划、决策）

实施记录

自查						
检查项目	评价标准	分值	自查	互查	备注	
系统安装	能够根据工作任务提供设备清单进行备料，能识别选择合理的器件和材料，并能选择所需的工作	40分				
	能够根据工作任务合理安装器件，并能按规范要求接线，接线质量符合要求					
	能够认真查验器件安装及线路连接的正确性，并能用万用表进行检查					
	器件安装位置合理、美观，走线美观					
	能够遵守安全操作规程，不违规操作，不带电作业					

自查					
检查项目	评价标准	分值	自查	互查	备注
系统调试	能够根据工作任务列出所需调试项目，能仔细阅读调试编程说明书，并能按分工做好准备工作	40分			
	1. 能正确进行矩阵主机调试 2. 能正确进行硬盘录像机调试 3. 能正确设置软件参数				
	能认真填写调试报告				
系统维护	掌握电视监控系统维修方法 理解电视监控系统常见故障	20分			
	能够正确分析故障产生的原因 能进行故障的维修				
	能正确填写维修报告单				

教师评价					
学生整体表现：	□未达要求		□已达要求		

考核项目	表现要求		表现		备注
			√	×	
专业能力 （60分）	器件安装位置正确，连接正确（25分）	摄像机安装正确，电源接线正确			
		矩阵主机安装正确，与摄像机连接正确			
		硬盘录像机安装正确，连线正确			
	系统调试（25分）	矩阵主机调试正确			
		硬盘录像机调试正确			
		WEB调试正确			
	故障维修（10分）	故障分析正确			
		能进行故障维修			
学习能力 （20分）	积极主动，勤学好问，能够理论联系实际（10分）				
	与组员的沟通协调及学习能力（5分）				
	反应能力、团队意识等综合素质（5分）				
专业能力 （20分）	能够做出安装、调试的详细计划（10分）				
	能够按照任务的要求做出相应的决策，并严格遵守操作规程，能够安全文明操作（5分）				
	明确学习目标和任务目标（5分）				

指导教师评语：

指导教师签字：

年　　月　　日

实训体会：

学生签字：

年　　月　　日

项目四　周界防范系统的安装与调试

 **项目描述**

　　某智能设备安装公司为某新建小区进行周界防范系统的安装与调试，作为安装公司的工程安装人员，需了解系统的构成、设备的使用、系统的安装与调试等工作内容。

 教学导航

1. 知识目标
(1) 了解周界防范系统的组成。
(2) 掌握周界防范系统的安装与调试。
2. 能力目标
(1) 能够识读周界防范系统图。
(2) 能够正确进行系统的安装与调试。
(3) 能够正确使用工具。
3. 素质目标
(1) 调动学生主动学习的积极性，培养学生善于动脑、勤于思考和敢于实践的基本素质。
(2) 培养学生良好的倾听能力，能有效地获得各种资讯。

任务 4-1　周界防范系统的认知

4.1.1　学习目标

1. 了解周界防范系统的工作原理。
2. 掌握周界防范系统的组成。
3. 能够识读系统图。

4.1.2　学习活动设计

一、任务描述

学生通过参观智能小区周界防范系统及智能楼宇实训室，了解楼宇周界防范系统的工作过程，掌握系统的组成。

需要提交的成果有：参观总结，周界防范系统组成图。

二、任务分析

周界防范系统是目前各智能小区常用的安防系统之一，本任务主要目标是掌握其组成。因此在任务完成过程中需要：

1. 参观智能小区周界防范系统，了解系统的工作过程及组成。

2. 参观智能楼宇实训室，掌握周界防范系统的组成，并画出系统图。

三、任务实施

（一）环境设备

1. 某智能小区周界防范系统

2. 楼宇智能安防实训室

（二）操作指导

1. 参观智能小区的周界防范系统

（1）成员分工。如表 4-1 所示，根据学生数量把全班分成 5～6 个小组，每组以 6～8 人为宜，每组各选一名组长，在老师的指导下，共同完成任务。

表 4-1　小组一览表

小组名称：　　　　　　　　　　　　　　　　　　　　　　　　工作理念：

序号	姓名	职务	岗位职责

（2）6S 管理：明确并在工作过程中实施 6S 管理，即整理、整顿、清扫、清洁、素养、安全。

（3）收集信息并填写信息收集表（表 4-2），查阅和学习表中知识点。

表 4-2　信息收集表

信息收集
什么是周界防范系统？
周界防范系统的组成及功能。

（4）进行参观，详细记录参观内容。（表 4-3）

表 4-3 参观记录表

参观内容
1. 参观智能小区的名称？
2. 参观的周界防范系统由哪几大模块组成？
3. 参观中所认识的器件及其功能？

2. 参观智能实训室

（1）根据成员分工，填写参观记录。

（2）画出智能实训室中周界防范系统组成框图。

（3）说明系统的工作过程。

3. 撰写工作总结，分小组进行汇报

4.1.3 相关知识

一、周界防范系统

随着社会的发展，人们安防意识的提高，现代化的安防技术得到了广泛的应用。在一些重要的区域，如机场、军事基地、武器弹药库、监狱、银行金库、博物馆、发电厂、油库等地，传统的防范措施是在这些区域的外围周界处设置一些屏障或阻挡物（如铁栅栏、围墙、钢丝篱笆网等），安排人员加强巡逻。当前犯罪分子利用先进的科学技术，使犯罪手段更加复杂化、智能化，传统的防范措施已难以适应当前保卫工作的需要。人力防范往往受时间、地域、人员素质和精力等因素的影响，难免出现漏洞和失误，因此安装先进的周界探测报警系统就成为一种必要措施。周界探测一旦发现入侵者可立即发出报警，好像在重要区域的周界处强加了一道人眼看不见的电子围墙，忠诚地守护着要害目标。

二、周界防范系统的原理

周界防范系统是当智能楼宇周围有非法入侵时能发出报警信号以威慑入侵者，并及时通知有关部门及人员前来处理的电子系统，是智能建筑安全防范的第一道屏障。该系统用物理方法或电子技术，自动探测发生在布防监测区域内的侵入行为，产生报警信号并辅助提示值班人员发生报警的区域，是预防抢劫、盗窃等意外事件的重要措施。一旦发生突发事件，该系统就能通过声光报警信号在安保控制中心准确显示出事地点，便于相关人员迅速采取应急措施。

三、周界防范系统的组成

智能楼宇内的周界防范系统负责对建筑物外围周界的各个点、线、面和区域巡查报警任务，一般由探测器、区域控制器和报警控制中心三部分组成。

（1）探测器

探测器又称报警传感器，是安装于设防区域内的传感装置，属于周界防范系统的底层设备，负责探测非法入侵人员，同时向区域控制器发送报警信息。周界防范系统常用的探测器有主动红外探测器、震动探测器等。

（2）区域控制器

区域控制器是用于连接探测器判断报警情况的专用设备，主要负责对区域内探测设备的管理，同时向报警控制中心传送区域报警情况。

（3）报警控制中心

报警控制中心是整个智能楼宇安保系统的核心，能起到对整个周界防范系统的管理职能。

报警控制中心通常设有大型报警主机、控制键盘、计算机并安装管理软件。报警主机通过串行通信口与计算机进行连接，计算机能够根据从报警主机接收到的报警事件并参照在计算机软件中设置的防区参数对防区进行报警消息显示、布撤防状态、对报警主机远程布撤防等操作。

如图 4-1 所示为本工作任务的防盗报警系统结构图，系统主要由大型报警主机、液晶键盘、声光报警器、计算机、六防区报警主机、各探测器等部件组成，实现物业小区的防盗报警功能。

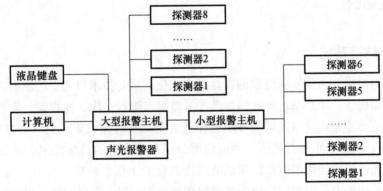

图 4-1　防盗报警系统结构图

4.1.4　考核评价（表 4-4）

表 4-4　考核评价

序号	评价项目及标准		自评	互评	教师评分	总评
1	在规定的时间（180 分钟）内完成（10 分）					
2	能够进行有效的信息收集	周界防范系统信息收集（20 分）				
		填写信息收集表（10 分）				

序号	评价项目及标准		自评	互评	教师评分	总评
3	认知系统	能够正确画出参观小区周界防范系统图（25分）				
		能够正确指出实训室内周界防范系统的组成（15分）				
4	工作态度（5分）					
5	安全文明操作（10分）					
6	场地整理（5分）					
7	合计（100分）					

任务 4-2　器件的认知

4.2.1　学习目标

1. 了解周界防范系统的器件组成。
2. 掌握周界防范系统的接线图及元件的安装方法。

4.2.2　学习活动设计

一、任务描述

学生在掌握各个器件的名称及工作原理的基础上，拆开各器件外壳，认识各器件的接线端子。系统通电后，在指导教师的指导下，学会用万用表对探测器的常开常闭触点进行检测。

本任务为操作性实训，重在使学生在动手操作检测的过程中，对器件的工作原理、内部结构和端子检测方法有全面的认识，为以后系统的连接奠定基础。

需要提交的成果有：器件功能及安装方法的简述报告。

二、任务分析

周界防范系统是目前各智能小区常用的安防系统之一，本任务主要目标是使学生了解安防系统各元器件的功能及设备的安装方法，因此在任务完成过程中需要：

1. 参观智能小区周界防范系统，深入了解各器件的外貌及其功能。
2. 参观智能楼宇实训室，掌握楼宇对讲系统的组成，了解各器件的接线方式。

三、任务实施

（一）环境设备

1. 器件：主动红外探测器、被动红外探测器、声光报警器、玻璃破碎探测器、振动探测器、DS6MX-CHI六防区小型报警主机、DS7400XI大型报警主机。

2. 工具：斜口钳、剥线钳、电烙铁、螺丝刀、万用表、电铬铁。

3. 耗材：导线若干、10kΩ电阻、2.2kΩ电阻、焊锡丝。

（二）操作指导

1. 参观智能小区的楼宇对讲及安防系统

（1）成员分工。

（2）6S管理：明确并在工作过程中实施6S管理，即整理、整顿、清扫、清洁、素养、安全。

（3）收集信息并填写信息收集表（表4-5），查阅和者学习表中知识点。

表4-5 信息收集表

信息收集
周界防范系统各器件分别叫什么？
周界防范系统各器件的功能分别是什么？

（4）进行参观，详细记录参观内容。（表4-6）

表4-6 参观记录表

参观内容
1. 周界防范系统包括哪些器件？
2. 试说明器件的作用。

2. 参观智能实训室

（1）根据成员分工，进行参观记录。

（2）画出智能实训室中各器件接线端子的功能图。

（3）说明各器件的功能并简述工作原理。

3. 撰写工作总结，分小组进行汇报

4.2.3 相关知识

一、报警探测器

探测器由传感器和信号处理器组成，是一种物理量的转化装置，通常把压力、震动、声响、光强等物理量转换成易于处理的电量（电压、电流、电阻等）。

1. 报警探测器的分类

按照探测器的安装方式可分为：壁挂式、吸顶式、贴装式。

按照探测器的探测范围可分为：广角型、幕帘型、全方位。

按照探测原理和工作方式可以分为：红外、微波、红外微波复合、振动、烟感、气感、玻璃破碎、超声波、温感、开关等。其中红外探测器还可分为主动红外探测器和被动红外探测器，烟感探测器还可分为离子式和光电式。

2. 报警探测器的功能

报警探测器用来探测入侵者的入侵行为。需要防范入侵的地方很多，它可以是某些特定的点，如门、窗、柜台和展览厅的展柜；或是条线，如边防线、警戒线和边界线；有时要求防范的范围是个面，如仓库、农场的周界围网；有时要求防范的是个空间，如档案室、资料室和武器库等，它不允许入侵者进入其空间的任何地方。因此，设计、安装人员就应该根据防范场所的不同地理特征、外部环境及警戒要求，选用适当的探测器，达到安全防范的目的。

3. 报警探测器的性能指标

（1）探测范围

探测范围是指一只探测器警戒的有效范围。它是确定报警系统中采用探测器数量的基本依据。一般分为两类：探测面积、探测空间。

（2）可靠性

可靠性是指探测器最主要的性能指标。其主要性能指标包括：

漏报：入侵报警探测器的漏报是指保护范围内发生入侵而报警系统不报警的情况，这是入侵报警系统及其产品不允许的，应严格禁止。

误报：没有入侵行为时发出的报警叫作误报。

探测：在保护范围内发生入侵，报警探测器探测到警情，报警系统报警的情况。

（3）探测灵敏度

探测灵敏度是指探测器响应入侵事件产生的物理量的敏感程度。

（4）报警传送方式和最大传输距离

报警传送方式是指有线或无线传送方式。最大传输距离是指在探测器发挥正常警戒功能的条件下，从探测器到报警控制器之间的最大有线或无线的传输距离。

（5）电气指标

电气指标包括功耗、工作电压、工作电流、工作时间等。

（6）寿命

寿命是指探测器耐受各种环境条件的能力，其中包括耐受各种规定气候条件的能力、耐受各种机械干扰条件的能力和耐受各种电磁干扰的能力。

4. 常用的报警探测器

（1）主动红外探测器（图 4-2）

主动红外探测器也称光束遮断式探测器，是目前使用最多的红外线对照式探测器，利用光束遮断方式进行探测，当有人横跨监控防护区时，遮断不可见的红外线光束而引发报警。常用于室外围墙周界报警，成对使用，故又称红外对射。主动红外探测器由红外发

图 4-2　主动红外探测器

射器和红外接收器组成。红外发射器发射一束或多束经过调制的红外光线投向红外接收器。发射器与接收器之间没有遮挡物时，探测器不会报警；有物体遮挡时，接收器接收不到发射信号而产生报警信号。

主动红外探测器接线端子如图 4-3 所示，其中①、②为电源端子，③为公共端子，④为常闭端子，⑤为常开端子，⑥、⑦为防拆开关。（发射器③、④、⑤端子为空）

图 4-3　主动红外探测器接线端子

（2）幕帘探测器（图 4-4）

幕帘探测器属于被动红外探测器的一种，它一般采用红外双向脉冲计数的工作方式，即 A 方向到 B 方向报警，B 方向到 A 方向不报警，因幕帘探测器的报警方式具有方向性，所以又叫方向幕帘探测器。由于幕帘探测器具有入侵方向识别能力，用户从内到外进入警戒区，不会触发报警，只有非法入侵者从外界侵入才会触发报警，极大地方便了用户在警戒区内的活动，同时又不触发报警系统。

（3）振动探测器（图 4-5）

振动探测器是以探测入侵者进行各种破坏活动时所产生的振动信号作为报警依据，如入侵者在进行凿墙、钻洞、破坏 ATM、撬保险柜等破坏活动时，都会引起这些物体的振动。以这些振动信号来触发报警的探测器就称为振动探测器。

图 4-4　幕帘探测器

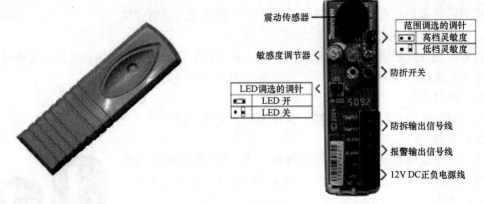

图 4-5　振动探测器

（4）玻璃破碎探测器（图 4-6）

玻璃破碎探测器是利用压电陶瓷片的压电效应（压电陶瓷片在外力作用下产生扭曲、变形时将会在其表面产生电荷），制成玻璃破碎入侵探测器。对高频的玻璃破碎声音（10k～15kHz）进行有效检测，而对 10kHz 以下的声音信号（如说话、走路声）有较强的抑制作用。玻璃破碎声发射频率的高低、强度的大小与玻璃厚度、面积有关。玻璃破碎探测器按照工作原理的不同大致分为两大类：一类是声控型的单技术玻璃破碎探测器，它实际上是一种具有选频作用（带宽 10k～15kHz）的具有特殊用途（可将玻璃破碎时产生的高频信号驱除）的声控报警探测器。另一类是双技术玻璃破碎探测器，其中包括声控—振动型和次声波—玻璃破碎高频声响型。它一般适用于银行的 ATM 机上，防止其玻璃被破坏。

图 4-6　玻璃破碎探测器

探测器端子说明："＋""－"为电源端子、"NC""C"为一对常闭触点、"TAMPER"为防拆开关。

二、报警控制器

1. 报警控制器概述

报警控制器是实现接收与报警处理的系统装置，也称为防盗控制主机，是防盗报警系统的中枢。它将某区域内的所有报警探测器组合在一起，形成一个防盗区域，一旦发生报警，则在防盗报警主机上可以一目了然地反映出报警区域。报警主机目前以多回路分区防护为主流，防区通常为 2～100 回路，根据系统规模防区数量可分为区域型报警主机和大型报警主机。本教材中区域型报警主机以 DS6MX-CHI 六防区小型报警主机为例，报警控制中心采用 DS7400XI 大型报警主机。

一般来讲，报警主机应具有以下功能：

（1）布防与撤防功能

正常工作时，工作人员频繁进入探测器所在区域，探测器的报警信号不能起到报警作用，这时报警控制器需要撤防。下班后，因工作人员减少需要布防，使报警系统投入正常工作。布防条件下，防护区域处在警戒状态，一旦有探测器触发，控制器就会发出报警信号。

（2）延时功能

延时主要分为退出延时和进入延时。布防后，操作人员在探测区域内，则需要控制器延时一段时间，待操作人员离开后系统再处于警戒状态，这段时间为退出延时。撤防前，操作人员进入探测区域内，若触发探测器则会出现误报警，报警主机应设置一段延时，延时期间内，操作人员进行撤防操作，则系统撤防，延时过后系统未撤防，控制器则发出报警信号，这段延时为进入延时。

（3）防破坏功能

如果有人对线路和设备进行破坏，报警主机应能发出报警。常见的破坏主要有线路短路或断路，报警主机在连接探测器的线路上加以一定的电流，通过电流值检测线路状态，从而达到防破坏的目的。

（4）联网功能

作为报警系统的核心控制器，必须具有联网通信功能，可以把区域的报警信息送到控制中心，由控制中心完成数据分析处理，以提高系统的可靠性。特别是重点防护区域应与监控系统相联动，及时获得该区域监控画面及录像。

2. 报警控制器分类

（1）小型报警控制器

对于一般的小用户，其防护的部位少，如银行的储蓄所，学校的财务室、档案室，较小的仓库等，可采用小型报警控制器。

（2）区域报警控制器

对于一些相对较大的工程系统，要求防范的区域较大，防范的点也较多，如高层写字楼、高级的住宅小区、大型的仓库、货场等，此时可选用区域型的入侵报警控制器。

（3）集中报警控制器

在大型和特大型的报警系统中，由集中入侵控制器把多个区域控制器联系在一起。集中入侵控制器能接收各个区域控制器送来的信息，同时也能向各区域控制器发送控制指令，直接监控各区域控制器的防范区域。

3. 常用报警控制器

（1）DS6MX-CHI 报警主机

DS6MX-CHI 接线端子示意图如图 4-7 所示，端口接线说明见表 4-7。

如图 4-8 所示，为 DS6MX-CHI 六防区报警主机防区接线图。

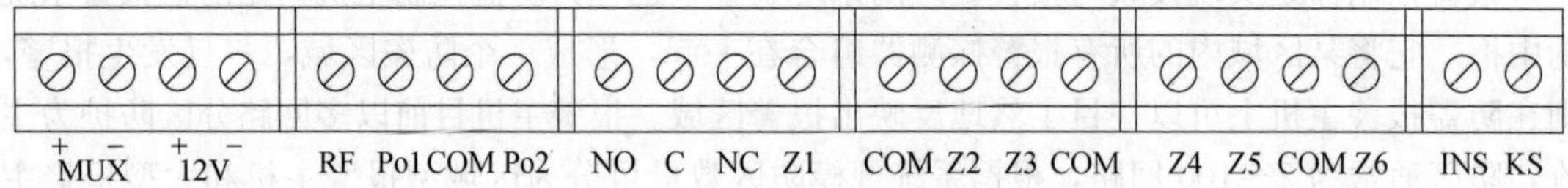

+ − + −
MUX 12V   RF Po1 COM Po2   NO C NC Z1   COM Z2 Z3 COM   Z4 Z5 COM Z6   INS KS

图 4-7 DS6MX-CHI 报警主机接线端子

表 4-7 端口接线说明

序号	端口	说明
1	MUX 的＋、−端	接总线驱动器 DS7430 模块 BUS 的＋、−端
2	12V 的＋、−端	接 12V 直流电源的＋、−端，为该模块提供电源
3	RF	连接无线接收机（DATA 端）的数据线
4	Po1、Po2	两个固态电压输出能够被用来连接每个最大为 250mA 的设备，工作电压不能超过 15VDC
5	NO、C、NO	C 型继电器输出
6	Z1～Z6	为该模块的防区接线，每个防区必须接一个 10kΩ 的电阻，当探测器为常开（NO）时，需并入一个 10kΩ 的电阻，当探测器为常闭（NC）时，需串入一个 10kΩ 的电阻，参照图 4-8
7	KS 与 COM	通过闭合 KS 与 COM 端，模块可用于钥匙开关、门禁读卡器等进行外部布防
8	INS 与 COM	通过短接 INS 与 COM 端可将进入/退出延时防区改为立即防区

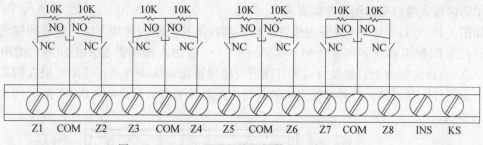

图 4-8 DS6MX-CHI 六防区报警主机防区接线图

（2）DS7400XI 大型报警主机

DS7400XI 大型报警主机接线示意图如图 4-9 所示。

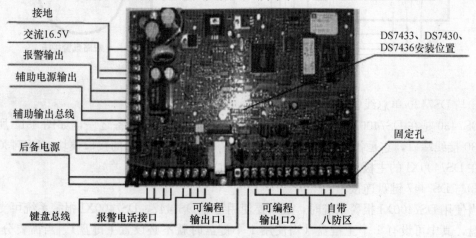

图 4-9 DS7400XI 大型报警主机接线示意图

DS7400XI 大型报警主机接线端口说明见表 4-8。

表 4-8 DS7400XI 大型报警主机接线端口说明

序号	端口	说明
1	接地	使用电源线将此处端子与报警主机外壳地相连
2	交流 16.5V	使用电源线将此处端子与报警主机内变压器的 16.5V 输出端相连
3	报警输出	连接声光报警器
4	辅助电源输出	DC12V，最大 1.0A
5	辅助输出总线	可连接 DS7488、DS7412 等外围设备
6	后备电源	连接 12V，7.0AH 蓄电池
7	键盘总线	可连接 DS7447I、DS7412 等外围设备
8	报警电话接口	连接外部报警电话
9	自带八防区	可接入 8 个报警探测器
10	可编程输出口 1、2	提供两个可编程输出。当被触发时，辅助电源的负极则短路到可编程输出 1（Po1），可编程输出 1 的电流额定值为 1.0A，可编程输出 1 的功能在地址 2735 处编制；当被触发时，可编程输出 2（Po2）则供给 12V、500mA 的电源。可编程输出 2 的功能在地址 2736 处编制

①防区输入端口与探测器连接方法

如图 4-10 为 DS7400XI 报警主机防区输入端口与探测器的连接方法，普通的探测器具有常开或常闭触点输出，即 C、NO 和 C、NC（一般防火探测器是 C、NO）。图中是以 DS7400XI 自带防区为例，触发方式为开路或短路报警两种接线方式。线尾电阻在购买主机时都作为附件配套提供。各种报警主机的线尾电阻都不一样，DS7400XI 自带防区的线尾电阻是 2.2kΩ。

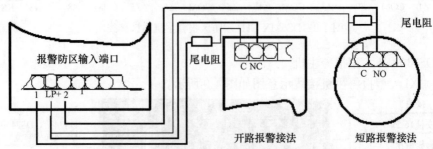

图 4-10　防区输入端口与报警探测器的连接方法

②与 DS7430 单总线驱动器连接

DS7430 是在 DS7400XI 使用总线扩充模块时必须选用的设备之一，如图 4-11 所示为 DS7430 接线端口，它是各类防区扩充模块与 DS7400XI 主板之间的接口模块。DS7430 直接安装在 DS7400XI 的主板上，连接示意图如图 4-12 所示。

③与 DS7447 键盘连接

当使用 DS7400XI 报警系统时，必须要使用键盘 DS7447，DS7400XI 报警系统可支持 15 个键盘，其中可设有 1 个主键盘（当使用 1 个键盘时就不必设置主键盘）。当需要分区时，可以用某个键盘控制某一分区，而对某分区进行独立布防/撤防，也可以由主键盘对所有分区同时布/撤防，这些功能都要求在对 DS7400XI 进行编程时设定，如图 4-13 所示为键盘背面接线端口示意图。

图 4-11　DS7430 接线端口

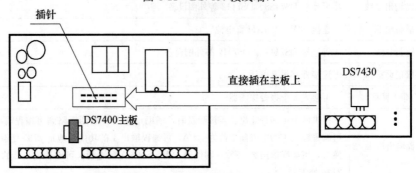

图 4-12　DS7430 与 DS7400XI 主板连接示意图

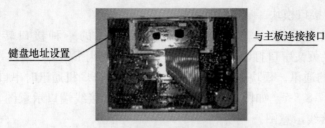

图 4-13　键盘背面接线端口示意图

如图 4-14 所示为 DS7447 键盘与主板连接图，第 1 个键盘到第 10 个键盘上的连线接口 RBGY 与 DS7400XI 主板上的键盘总线接口 RBGY 一一对应相连，而第 11 个键盘到第 15 个键盘与 DS7400XI 主板的辅助输出总线接口连接。

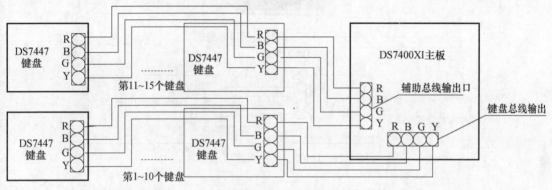

图 4-14　DS7447 键盘与 DS7400XI 主板连接示意图

使用键盘时应注意：连接键盘前，必须将键盘的外壳打开，检查电路板上的跳线是否设置正确，使用第几个键盘就设到第几个键盘序号。如果键盘设置不正确，系统将不能正常工作。键盘的使用方法见使用部分的说明。键盘主板上的跳线地址设置与键盘序号关系见表 4-9。

表 4-9　键盘主板跳线地址设置

键盘序列号	1	2	4	8
1	■			
2		■		
3	■	■		
4			■	
5	■		■	
6		■	■	
7	■	■	■	
8				■
9	■			■
10		■		■
11	■	■		■
12			■	■
13	■		■	■
14		■	■	■
15	■	■	■	■

④DS7412 串行接口模块

DS7412 是连接 DS7400XI 主板与打印机或计算机的一种接口转换模块。若想使 DS7400XI 直接连接英文串口打印机或计算机，就必须使用 DS7412 模块，通过使用 RS232 来实现与外围设备的通讯。模块通讯速率为 2400bps，与 PC 机通讯时串口线的接线顺序为：2-3 3-2 4-6 5-5 6-4 7-8 8-7。如图 4-15 所示，为 DS7412 接线端口示意图，如图 4-16 所示，为 DS7412 与主板接线示意图。

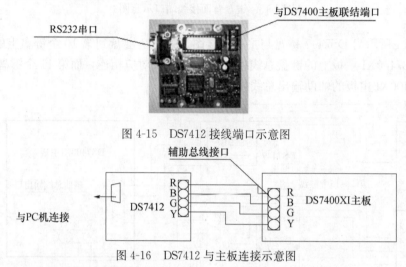

图 4-15　DS7412 接线端口示意图

图 4-16　DS7412 与主板连接示意图

注：如需开放通讯口，则要对地址 4019、4020 进行设置，若与主机通讯正常，DS7412 上的 Rx 和 Tx 上的 LED 会闪亮。

4.2.4　考核评价（表 4-10）

表 4-10　考核评价

序号	评价项目及标准		自评	互评	教师评分	总评
1	在规定的时间（180 分钟）内完成（5 分）					
2	能够进行有效的信息收集	系统器件信息收集（20 分）				
		填写信息收集表（10 分）				
3	认知器件	能够正确认知探测器（5 分）				
		能够认知 DS6MX−CHI 报警主机（10 分）				
		能够认知 DS7400XI 大型报警主机（10 分）				
		能够认知与大型报警主机连接的附件（10 分）				
		能够正确进行安装（15 分）				
4	工作态度（5 分）					
5	安全文明操作（5 分）					
6	场地整理（5 分）					
7	合计（100 分）					

任务 4-3　周界防范系统的安装与调试

4.3.1　学习目标

1. 能够安装周界防范系统的各器件。
2. 掌握周界防范系统的调试方法。
3. 能够识读接线图。

4.3.2　学习活动设计

一、任务描述

学生通过参观智能楼宇实训室并动手实践，对周界防范系统有更深刻的理解。

需要提交的成果有：实践报告及心得体会。

二、任务分析

周界防范系统是目前各智能小区常用的智能化设备，本任务主要目标是使学生熟练地掌握周界防范系统的安装及调试方法，因此在任务完成过程中需要：

1. 了解周界防范系统各器件的接线安装方法。
2. 能够对安装完成后的各个设备进行调试。
3. 能够看懂接线图并选择最优路径进行布线。

三、任务实施

（一）环境设备

1. 楼宇智能安防实训室。

2. 器件：门磁、振动探测器、主动红外探测器、幕帘探测器、紧急按钮、DS6MX-CHI六防区小型报警主机、DS7400XI 大型报警主机、液晶键盘、声光报警器。

3. 工具：剥线钳、十字螺丝刀、一字螺丝刀。

4. 耗材：导线若干、10kΩ 电阻。

（二）操作指导

1. 安装器件

（1）将设备固定在网孔板的指定位置。

（2）分别将设备外壳拆开，用 M3×10 的不锈钢自攻螺钉将其固定。

（3）根据设备及线槽位置，截取适当长度导线，在导线上串入记号管，并为导线端头处上适当焊锡。

（4）根据接线图进行 DS6MX-CHI 六防区小型报警主机报警系统连接。系统接线图如图 4-17 所示。

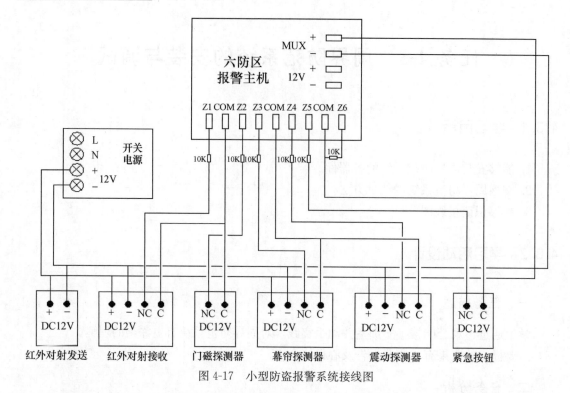

图 4-17　小型防盗报警系统接线图

将振动探测器、主动红外探测器（投光器、受光器）、幕帘探测器电源端子与电源箱12V 电源输出相连。

将报警主机 Z1～Z5 的接线端子分别串接一个 10kΩ 电阻，并接到门磁、被动红外探测器、主动红外探测器、幕帘探测器、紧急按钮的常闭触点（NC）上。

把报警主机的 3 个 COM 端与各个探测器的公共端（C）相连。在小型报警主机 Z6 与COM 端子间连接一个 10kΩ 电阻。

系统连接好后，用数字式万用表的蜂鸣档检测接线的连接状况，如连接好则万用表发出蜂鸣声。

连接完成，将导线整理入线槽，并将线槽盖及设备外壳扣好。

注意：为了便于检查线路，一般电源线"＋"端接红线，"－"端接黑线。信号线"NC"与"Z"的连接线用黄线，"C"与 COM 的连接线用蓝线。

（5）DS7400XI 大型报警主机报警系统的连接

① 将设备按图固定在网孔板的指定位置。

② 根据设备及线槽位置，截取适当长度导线，在导线上串入记号管，并为导线端头处上适当焊锡。

③ 根据接线图进行系统连接。

将液晶键盘端子与大型报警主机"R""B""G""Y"端子对应连接。

将声光报警器"＋""－"两端分别接至大型报警主机的 BEEL 端子处。

将小型报警主机 MUX"＋""－"两端子分别与大型报警主机 BUS"＋""－"端用两芯屏蔽线相连。

将被动红外探测器电源线与电源箱 12V 电源输出相连，并将其信号线接至大型报警主

104

机的一防区，其中 NC 经 2.2kΩ 电阻连接至 Z1，C 与 LP+相连。

系统接线图如图 4-18 所示：

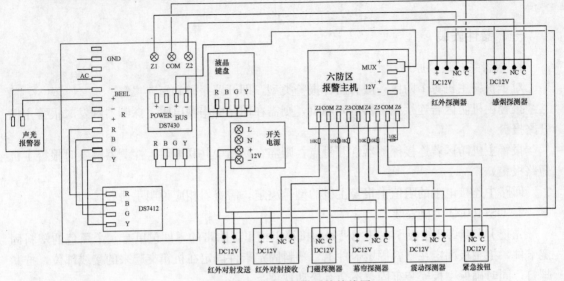

图 4-18　大型防盗报警系统接线图

（6）整理工位

任务完成后，将工具放回指定位置，将工位处卫生清扫干净。

（7）填写表 4-11，查阅和学习表中知识点

表 4-11　信息收集表

信息收集
什么是周界防范系统？
周界防范系统的组成及功能。

2. 对安装完成的设备进行调试，使其可以正常工作

（1）DS6MX-CHI 六防区小型报警主机报警系统调试。

（2）DS7400XI 大型报警主机报警系统调试。

（3）CMS7000S 软件设置。

3. 撰写工作总结，分小组进行汇报

4.3.3 相关知识

一、器件安装

1. 报警系统连接原理

对于报警主机每个防区一般有两种报警类型，即开路报警和短路报警。

报警主机防区若连接探测器常闭触点，则需在回路中串联电阻，探测器触发时报警主机开路报警。

报警主机防区若连接探测器常开触点，则需在回路中并联电阻，探测器触发时报警主机短路报警。

回路中连接电阻的阻值由报警主机的型号决定，需查看相应说明手册。

2. DS7400XI 主机安装

先把 DS7400XI 主板卡在其主机箱的机箱卡槽里，附带的零件包里有 4 个黑色的塑料固定卡件，把主板固定在塑料固定卡件上，塑料固定卡件固定在机箱突起来的接线部位，拧紧螺钉，同时确保主板安装牢固，不会有松动现象。

安装 DS7430 注意事项：安装时要完全插入，断电时安装；总线的正负极不能接错；正常使用时，编程跳线应插回到 Disable 的位置；DS7400XI 上的 POWER 电源端口输出功率较小，一般不对探测器供电；如需给少量探测器供电，一般从主板辅助供电输出口输出，但输出电流不大于 800mA。

3. DS6MX-CHI 六防区小型报警主机的安装

用平口螺丝刀在外罩底部的槽口位置向下按，使前面外盖与后面底板分开；将底盖固定在适当的墙面或电气开关盒上。在墙面上安装时，请选择用螺钉在底板"S"处将其固定，在电气开关盒上安装时，选择用螺钉在底板"B"或"BT"处将其固定。如果需要使用防拆功能，DS6MX-CHI 必须是平面安装，另外如使用电工盒安装，DS6MX-CHI 安装位使用"BT"位置固定，在墙面按"Tamper Screw"防拆螺钉位置固定一个螺钉，如图 4-19 所示。

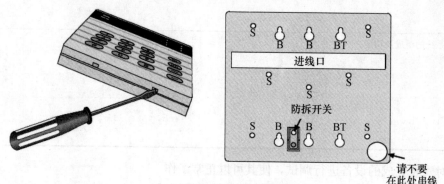

图 4-19　DS6MX-CHI 拆卸示意图

4. 主动红外探测器的安装

设置在通道上的探测器，其主要功能是防备人的非法通行，为了防止宠物、小动物等引起误报，探头的位置一般应距离地面 50cm 以上。遮光时间应调整到较快的位置上，对非法入侵作出快速反应。

设置在围墙上的探测器，其主要功能是防备人为的恶意翻越，采用顶上安装和侧面安装两种均可。顶上安装的探测器，探头的位置应高出栅栏、围墙顶部 25cm，以减少在墙上活动的小鸟、小猫等引起的误报。四光束探测器的防误报能力比双光束强，双光束又比单光束强。侧面安装则是将探头安装在栅栏、围墙靠近顶部的侧面，一般是作墙壁式安装，安装于外侧的居多。这种方式能避开小鸟、小猫的活动干扰。

线路绝对不能明敷，必须穿管暗设，这是探测器工作安全性最基本的要求。安装在围墙上的探测器，其射线距墙沿的最远水平距离不能大于 30m，这一点在围墙弧形拐弯的地方需特别注意。配线接好后，请用万用表的电阻挡测试探头的电源①、②端子，确定没有短路故障后方可接通电源进行调试。

5. 幕帘探测器的安装

幕帘探测器特别适用于防范整面墙的窗户、阳台、过道等。水平固定安装在墙上，定向安装高度约为 1.8～2.3m，探测器与窗之间的距离为 1m 以上；探测器须安装在室内气流、温度变化不大的位置或空间，避免面对窗户、冷暖气机等温度会产生快速变化的地方；安装时应尽量远离大功率的家电及外界光热源，如太阳光、较强的照明灯光等。

6. 玻璃破碎探测器的安装

玻璃破碎探测器适用于一切需要警戒玻璃破碎的场所。除保护一般的门、窗玻璃外，对大面积的玻璃橱窗、展柜、商亭等均能进行有效的控制。安装时要尽量靠近所要保护的玻璃，尽可能地远离噪声干扰源，以减少误报警。不同种类的玻璃破碎探测器，需根据其工作原理进行安装。探测器不要装在通风口或换气扇的前面，也不要靠近门铃，以确保探测器工作的可靠性。

7. 振动探测器的安装

振动探测器安装在墙壁或天花板等处时，必须与这些物体固定牢固，否则探测器将不易感知振动。振动探测器安装的位置应远离振动源（如旋转的电机）。

二、系统调试

1. DS6MX-CHI 小型报警主机编程

（1）常用功能编程

DS6MX-CHI 小型报警主机常用功能编程见表 4-12。

表 4-12　DS6MX-CHI 小型报警主机常用功能编程

步骤	操作	提示
1	输入主码 "&.&.&.&."	只有主码才具有编程模式，其他 3 个用户码不能用于编程。主码的出厂设置为 "1234"，如果忘记主码，则可按照以下步骤恢复主码出厂设置：关闭 DS6MX-CHI 的电源，接通跳线 J1（打开模块的前盖，J1 在跳线左侧靠近拨码开关的位置），打开 DS6MX-CHI 的电源，断开跳线 J1
2	按 "＊" 键 3s，即可进入编程模式	主机蜂鸣器鸣音 1s，6 个防区指示灯将快闪，表示已经进入编程模式
3	进入编程地址："&" 或 "&&" ＋ "＊"	地址 0～9 输入 1 位数，地址 10～45 输入 2 位数

步骤	操作	提示
4	编程值：从"&"到"&&&&&&&&&."	参考地址编程参数，编程值可由 1 位数到 9 位数不等。若设置正确，主机将鸣音 2s 进行确认；设置错误，可按"#"键清除，返回到步骤 3
5	重复步骤 3 和 4，编程其他地址	
6	按"＊"键 3s，退出编程模式	主机蜂鸣器鸣音 1s，6 个防区指示灯将熄灭，表示已经退出编程模式

DS6MX-CHI 主要参数编程表见附录 C。

（2）DS6MX-CHI 的操作说明（表 4-13）

表 4-13　DS6MX-CHI 的操作说明

序号	功能	操作
1	系统布防	"密码"＋"布防"
2	周界布防	"密码"＋"#"＋"布防"
3	系统撤防	"密码"＋"撤防"
4	单防区布防	"密码"＋"#"＋"防区编号"＋"布防"
5	单防区撤防	"密码"＋"#"＋"防区编号"＋"撤防"
6	快速布防	按"布防"键 3s
7	紧急键	"＊"＋"#"
8	清除报警	按"#"键 3s
9	清除历史报警	"密码"＋"撤防"
10	旁路防区	"密码"＋"旁路"＋"防区编号"＋"布防"

注意：密码指主码或用户密码；24h 防区不可单防区布撤防；24h 防区不可以旁路。

2. DS7400XI 大型报警主机编程

DS7400XI 报警主机常用操作说明及编程说明见表 4-14、表 4-15，密码均以系统初始密码为例。

表 4-14　DS7400XI 报警主机常用操作说明

序号	说明	操作
1	进入编程	"9876#0"（密码＋#0）
2	退出编程	按"＊"4s，听到"嘀"一声，表示已退出编程
3	正常布防	密码（1234）＋"布防"键
4	撤防和消警	密码（1234）＋"撤防"键
5	强制布防	密码（1234）＋"布防"键＋"旁路"键
6	防区旁路	密码（1234）＋"旁路"键＋XXX（防区号，且一定是三位数，如 008）

表 4-15 DS7400XI 报警主机编程说明

序号	说明	操作
1	填写数据	DS7400XI 主机的编程地址一定是四位数，地址的数据一定是两位数。如在地址 0001 中输入数据 21，方法是按 9876＃0，此时 DS7447 键盘的灯都闪动。键盘显示： Prog. Mode4.0 Adr＝0001 D_{01}＝2 输入地址 0001，接着输入"21＃"则显示顺序为： Prog. Mode4.0 Adr＝0001 D_{02}＝1 → Prog. Mode4.0 Adr＝ 此时自动跳到下一个地址，即地址 0002，若不需要对地址 0002 进行编程，则连续按 两次"＊"，此时输入新的地址及该地址要设置的数据： Prog. Mode4.0 Adr＝
2	DS7400XI 修改编程密码	地址是 7589 可以输入 4～6 位数的密码
3	DS7400XI 修改主操作密码	地址是 7592 可以输入 4～6 位数的密码
4	确定防区的功能	（地址是 0001～0030），所谓防区功能就是该防区是延时防区、即时防区、24h 防区等。其中 01 代表延时防区；03 代表即时防区；07 代表 24h 防区。（此项一般不用编写，用出厂值即可），防区功能号见附录 D
5	确定一个防区的功能	（地址是 0031～0278），0031 代表第一防区，0032 代表第二防区，依此类推。如果想把第八防区设定为即时防区，即可以把地址 0038 中的数据改为 03，再按"＃"确认就可以了（注意：此项一定要编写）
6	防区特性设置	因为 DS7400XI 是一种总线式大型报警主机系统，可使用的防区扩充模块有多种型号，如 DS7432、DS6MX、DS6MX 等，具体选择哪种型号在此项地址中设置。从 0415～0538 共有 124 个地址，每个地址有两个数据位，分别代表两个防区。两个数据位的含义及其中地址与数据位对应关系见附录 D
7	辅助总线输出编程	DS7400XI 和 PC 机直接相连或和串口打印机直接连接（用 DS7412）或与继电器输出模块连接时要使用辅助总线输出口，以确定辅助输出口的速率、数据流特性等。 确定是否使用 DS7412 及向外发送哪些事件 | 地址 4019	数据 1	数据 2 | 其中数据 1 的设置内容及含义见附录 D 表 D-5 数据 2 的设置内容及含义见附录 D 表 D-6
8	数据流特性		地址 4020	数据 1	数据 2 | 其中数据 1 的设置内容及含义见附录 D 表 D-7 数据 2 的设置内容及含义见附录 D 表 D-8

其他编程说明详见附录 D。

3. CMS7000 软件操作说明

（1）CMS7000 软件的启动

为了保证系统安全，CMS7000 的使用人员必须登录后才能拥有相应的操作权限，初始安装的系统中拥有系统管理员用户，该用户具有所有权限，其他用户的增加及权限设置由系统管理员管理。软件登录界面如图 4-20 所示，登陆操作见表 4-16。

图 4-20 软件登录界面

表 4-16 登录操作

序号	操作方法
1	系统管理员初始口令为空，注意第一次进入后应更改此口令
2	权限检查：缺省状态下 CMS7000 每次操作都需要验证操作权限，如果不希望每次操作都检查权限，而只是以登录的权限为准，则可以设置"系统参数"中的"只在登录时检查口令"为有效

（2）基本操作

CMS7000 可以通过菜单和工具栏按钮完成用户操作，单击鼠标右键可以激活相应菜单，双击可以获取相应详细资料。

软件基本操作术语见表 4-17。

表 4-17 基本操作术语

序号	名称	含义
1	主机	与 PC 连接的报警主机，不同的主机具有不同的唯一主机编号，主机名称由软件操作员定义，便于主机管理，允许相同，但建议主机名应该有所区别，每台主机对应的串行接口必须不同，接口的通讯参数如波特率、校验方式允许用户设置。每台主机支持的分区、防区范围允许用户根据实际情况设置，最小为 1
2	主机防区	每台报警主机对应的报警点（传感器）在每台主机上具有唯一的编号，主机编号与主机防区编号对应一个唯一的防区
3	主机分区	主机分区是每台报警主机撤布防管理的基本单位，是主机防区的集合。因为目前每台 CMS7000 主机只支持 8 个分区，不便于在多用户、小分组的情况下进行管理，因此在 CMS7000 中只用于对主机进行主机撤布防。需要对防区进行分组管理时 CMS7000 使用"用户"的概念

序号	名称	含义
4	防区	CMS7000 定义的防区是管理系统的基本单位，是整个系统的核心，对应一个报警传感器，由主机编号和主机防区编号决定，其工作方式由防区参数决定
5	撤布防开关防区	撤布防开关防区是特别定义的一种防区，此类防区的报警信号在 CMS7000 中不作为报警处理，而用来控制防区的撤布防，使用户在没有控制键盘的情况下通过普通开关完成撤布防。每一个撤布防开关控制其所属用户的撤布防状态
6	用户	为了便于管理，对应系统使用情况，将防区归于一个分组，所有防区必须属于某一用户
7	用户组	为了便于管理，还可以将用户分类成不同用户组，所有用户必须属于某一用户组
8	地图	地图用于监控防区，用户的地图可以为每个防区或用户指定其所属的地图文件名称，定义它们在地图上的位置，显示地图时如果选择的是用户方式，则所有被定义在指定地图上的用户被显示；如果是显示防区，则指定地图上所有防区被显示，有报警事件发生的用户或防区将动态显示在地图上。系统定义有一张主监控地图，在规定时间内系统可以自动将监控地图切换到主监控地图上进行用户监控
9	撤布防	对防区进行的撤布防，它与报警主机的撤布防状态无关，CMS7000 根据防区的布防状态与防区类型来决定是否对收到的符合条件的主机报警消息作为报警处理

（3）CMS7000 软件操作说明（表 4-18）

表 4-18　CMS7000 软件操作说明

序号	功能	操作说明
1	增加报警主机并设置参数	点击工具栏上的"报警主机设置"按钮，启动报警主机管理界面，激活报警主机参数设置窗口，增加报警主机并输入报警主机名称，选择串行接口编号及设置连接参数（与报警主机实际设置对应），输入报警主机最大防区范围，输入报警主机最大分区范围，输入其他参数，确定保存。 注：删除报警主机时，依附于此报警主机的防区将会被自动删除，并且不能恢复 报警主机管理 主机总数：　1 主机编号　主机名　　最小防区号　最大防区号 主机编号　1　　主机类型　DS7400XI　●串口连接　○IP 连接 *最小防区号　1　　*最大防区号　248 最小分区号　1　　最大分区号　8 *报警主机名　DS7400　　主机管理员 管理员电话1　　管理员电话2 管理员E-mail 安装位置 ☑报警主机开始使用　☑报警主机连接测试 *串口号　1　*波特率　2400　　*校验方式　○无校验 ○奇校验 ○偶校验　*输出控制 ●硬件方式 ○软件方式 *数据位　8　*停止位　1 转发到工作站　　　远程端口 注意：标注有*的内容必须输入 结束修改 增加主机 删除主机 确定保存 放弃操作 退出

序号	功能	操作说明
2	查看报警主机通讯	如果主机设置正确，激活通讯监控窗口，单击开始按钮，如果连接正确，则可在监控窗口收到数据
3	增加用户组并设置参数	激活用户组管理窗口，解除修改编辑锁定，增加用户组，输入用户组名称。用户组是用来对多个用户进行分组管理的，可以对整个用户组进行撤布防和旁路操作 用户组删除时，其所属的用户以及相应的防区将被自动删除 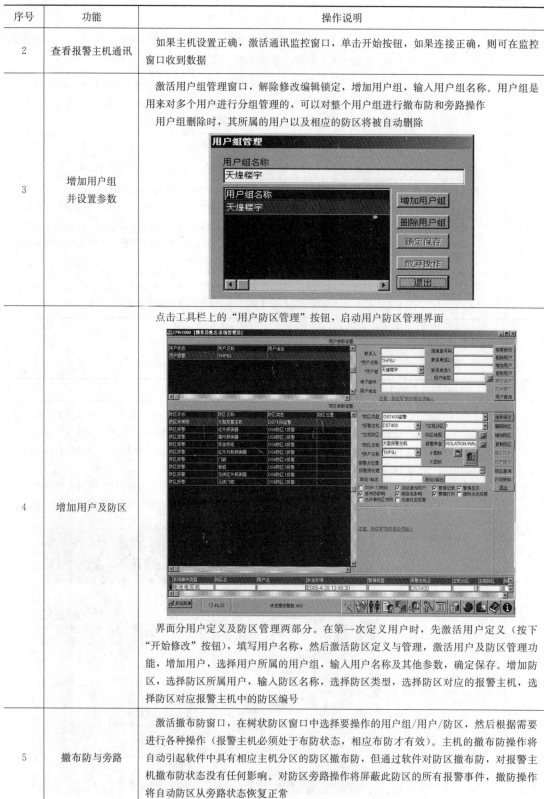
4	增加用户及防区	点击工具栏上的"用户防区管理"按钮，启动用户防区管理界面 界面分用户定义及防区管理两部分。在第一次定义用户时，先激活用户定义（按下"开始修改"按钮），填写用户名称，然后激活防区定义与管理，激活用户及防区管理功能，增加用户，选择用户所属的用户组，输入用户名称及其他参数，确定保存。增加防区，选择防区所属用户，输入防区名称，选择防区类型，选择防区对应的报警主机，选择防区对应报警主机中的防区编号
5	撤布防与旁路	激活撤布防窗口，在树状防区窗口中选择要操作的用户组/用户/防区，然后根据需要进行各种操作（报警主机必须处于布防状态，相应布防才有效）。主机的撤布防操作将自动引起软件中具有相应主机分区的防区撤布防，但通过软件对防区撤布防，对报警主机撤布防状态没有任何影响。对防区旁路操作将屏蔽此防区的所有报警事件，撤防操作将自动防区从旁路状态恢复正常

序号	功能	操作说明
6	报警处理	触发报警主机，如果设置正确将弹出报警处理窗口，不同类型报警的显示颜色在报警类型和系统事件类型中设置。双击报警事件列表将显示报警详细资料；输入报警处理结果或选择使用预置处理方案，单击确定按钮处理报警；报警将从当前报警显示表中删除，并保存到历史记录数据库中。报警预处理方案在防区定义设置，报警处理结果可以通过"系统参数设置"进行编辑。在默认情况下每次处理报警都必须确认权限，如果需要解除在报警处理过程中每次确认权限的操作，单击报警处理窗口中的"解除权限检查"按钮，具有报警处理权限的管理员将可以取消权限检查

4.3.4 考核评价（表 4-19）

表 4-19 考核评价表

序号	评价项目及标准		自评	互评	教师评分	总评
1	在规定的时间（180 分钟）内完成（5 分）					
2	能够进行有效的信息收集	周界防范系统安装与调试信息收集（15 分）				
		填写信息收集表（5 分）				
3	系统安装与调试	能够正确安装报警主机（30 分）				
		能够正确安装探测器（15 分）				
		能够正确进行调试（15 分）				
4	工作态度（5 分）					
5	安全文明操作（5 分）					
6	场地整理（5 分）					
7	合计（100 分）					

任务 4-4 电子巡更系统的安装与调试

4.4.1 学习目标

1. 能够安装电子巡更系统的各器件。
2. 掌握电子巡更系统的调试方法。
3. 能够识读接线图。

4.4.2 学习活动设计

一、任务描述

通过参观智能楼宇实训室并动手实践，使学生对电子巡更系统有更深刻的理解。

需要提交的成果有：实践报告及心得体会。

二、任务分析

电子巡更系统是目前各智能小区常用的安保系统之一。本任务主要目标是使学生熟练地掌握电子巡更系统的安装及调试方法。因此在任务完成过程中需要：

1. 了解电子巡更系统各器件的安装方法。

2. 能够对安装完成后的各个设备进行调试。

三、任务实施

（一）环境设备

1. 器件：巡检器、信息钮扣、计算机。

2. 工具：螺丝刀。

3. 耗材：螺钉。

（二）操作指导

1. 在智能实训室进行实战演练

（1）根据成员分工进行安装并使用万用表对安装完成的线路进行检测。

（2）对安装完成的设备进行调试，使其可以正常工作。

（2）总结经验，以备日后工作使用。

2. 撰写工作总结，分小组进行汇报

4.4.3 相关知识

一、电子巡更系统

电子巡更系统是指在小区各区域内及重要部位安装巡更点，保安巡更人员携带巡更器按指定的路线和时间到达巡更点并进行记录，然后将信息传送到管理中心。管理人员可调阅、打印各保安巡更人员的工作情况，加强对保安人员的管理，实现人防和技防的结合。

二、电子巡更系统的分类

电子巡更系统分为无线巡更系统和有线巡更系统两大类。

1. 无线巡更系统

无线巡更系统由信息钮扣（巡更点）、数据识读器（巡更机）、数据线、计算机及其管理软件等组成，如图 4-21 所示。

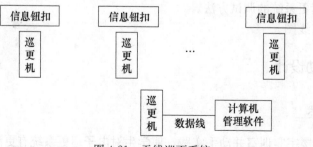

图 4-21 无线巡更系统

（1）信息钮扣是巡更系统的基础，如图 4-22 所示，其内部结构为密闭的集成电路芯片，每个钮中都存有一个数据，放置在必须巡检的地点或设备上，通过专用的手持式数据识读器（巡更机）识读。

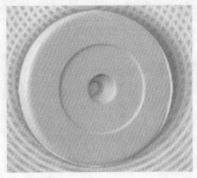

图 4-22　信息钮扣

（2）数据识读器即采集器，如图 4-23 所示，巡逻时由巡更员携带，按计划设置把信息钮扣所在的位置、采集的时间、巡更巡检人员姓名、事件等信息自动记录成一条数据进行分析处理后保存，再通过传输器把数据导入计算机。

图 4-23　数据识读器

（3）传输线的作用为将数据识读器与 PC 机连接起来。

（4）软件管理系统将有关数据接收分析，并进行处理，提供详尽的巡逻报告，并与计划一一对应，正确处理巡逻结果数据。

由于信息钮扣之间、信息钮扣与电脑、信息钮扣与数据识读器之间不需要线路连接，所以无线巡更系统具有安装简单、不需专用电脑、扩容方便、修改巡更点容易等特点。

2. 有线巡更系统

在一定的范围内进行综合布线，把数据识读器设置在一定的巡更巡检点上，巡更巡检人员只需携带信息钮扣或信息卡，按布线的范围进行巡逻，巡更点读取有关信息，实时上传至管理中心，供分析处理，实现了实时管理保安巡逻人员的巡视情况，增加了保安防范措施。

该系统虽能实时管理，但施工量大，成本高，易受温度、湿度和布线范围的影响，安装维护也比较麻烦。室外安装传输线路易遭人为破坏，对于装修好的建筑再配置有线巡更系统更为困难。

为达到既能实现巡更功能又节省造价的目的，目前，在智能住宅小区的设计中，把巡更系统设计到门禁系统中去，利用现有门禁系统现场控制器的多余输入点来实现有线巡更，有线电子巡更系统示意图如图 4-24 所示。

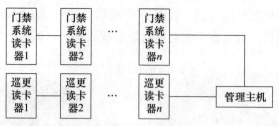

图 4-24　有线巡更系统

三、电子巡更系统的调试

1. 软件安装

运行光盘中的 SETUP. EXE 文件，依据提示即可完成安装。安装过程中可能需要重新启动计算机。

2. USB 驱动安装（安装过程参见附录 E）

3. 软件使用说明

（1）启动系统（表 4-20）

表 4-20　电子巡更系统软件启动

序号	操作说明
1	软件安装完成后，即可在开始/程序/巡检管理系统 A1.0 中，单击"巡检管理系统 A1.0"项，系统启动，并出现登录窗口 如果是第一次使用本系统，请选择管理员登录系统，口令为"333"，这样将以管理员的身份登录到本系统
2	第一次使用本系统进行日常工作之前，应建立必要的基础数据，如果需要应修改系统参数（设置方法见附录 F）

（2）功能（表 4-21）

表 4-21　系统软件功能说明

序号	功能	操作说明
1	线路设置	该界面的左下角区域为线路设置区，可以添加一条新的线路或者删除已有的线路，删除线路时请慎重（删除线路后，该线路内的巡逻信息也被删除） 左上角地点操作区内，会详细列举地点的编号、名称以及线路的列表 选择相应的线路名称，勾选该线路内包含的地点信息，点击导入线路，软件会自动保存相应的数据 右侧表格内显示的是相应线路的具体巡逻信息，到达下一个地点时间和顺序可以修改，其他为只读。到达下一个地点的时间单位是 min，最小为 1min，不能设置类似 0.8 这样的数据
2	计划设置	根据实际情况输入计划名称，然后选择该计划对应的线路，设置相应的时间后，点击"添加计划"。计划被保存后，在右侧的表格内会有相应的显示，表格内的数据不能修改，若需要修改，可以删除某条计划后再重新添加 计划设置的时候，包括两种模式： a. 有序计划：只设置开始时间，在计划执行的巡逻过程中，线路中第一个点到达的时间就是开始时间，第二个点到达的时间是第一个点到达的时间加上线路设置中设置的"到下一地点的分钟数"，得到的就是第二个点到达的准确的时间，这样依次得到以后每个点到达的准确时间 b. 无序计划：要设置开始时间和结束时间，这样的计划只要是在设置的这段时间范围内巡逻了，就是符合要求的。虽然中文机中有巡逻的次序，但是软件考核的时候就不用次序，只要到达了，就是合格的

序号	功能	操作说明
3	下载档案	当修改过人员或者地点或者事件信息后，请重新下载数据到中文机中，这样能保证软件中设置的数据与中文机的数据实时保持一致 下载计划的时候，首先要设置中文机为"正在通讯"状态，然后选择好要下载的计划，点击"下载数据"即可

（3）数据（表 4-22）

表 4-22 系统软件数据操作说明

序号	功能	操作说明
1	数据采集	将巡检器与计算机连接好并且将巡检器设置成正在通讯的状态，点击"采集数据"软件会自动提取巡检器内的数据保存到数据库当中
2	删除数据	将巡检器与计算机连接好并且将巡检器设置成正在通讯的状态，点击"删除数据"，可以将巡检器硬件内存储的历史数据删除 在前期基础设置的时候，可以先在该界面采集并删除巡检器内部的历史数据，然后再进行设置操作，可以避免历史数据造成的影响
3	删除一条、删除全部	该操作是针对软件而言的，是删除软件数据库内对应的历史数据，与巡检器无关
4	图形分析	软件中对记录可进行图形分析，可方便用户直观地查看各个人员或地点的巡逻情况 具体操作如下：点击数据查询后查询出相应条件的数据，然后点击图形分析按钮。点击地点分析，系统会自动形成图表分析。同理，可以对人员、时间段进行分析

（4）计划实施（表 4-23）

表 4-23 计划实施操作

序号	操作说明
1	在计划实施区域内，选择一段要考核的时间范围（尽量选择小范围，范围越小，考核速度越快），给定一个误差时间（误差时间对于无序计划无效），点击"计划实施"按钮，待考核完毕后，表格内会显示相应的考核情况。未到的状态栏会以红色显示
2	选择相应的查询条件，可以对考核出的数据进行检索，查找出需要的数据

（5）下载数据（表 4-24）

表 4-24 下载数据操作

序号	功能	操作说明
1	数据库备份	此功能用于对数据库进行备份，以供日后恢复数据库使用。点击"数据操作→备份数据库"，这时用户可根据日期给文件命名，方便以后查询
2	数据库还原	用户可根据自己的需要，选择需要还原的时间段，将备份的数据进行还原。但之前数据会丢失，要小心使用

序号	功能	操作说明
3	数据初始化	数据初始化可以把软件中设置的信息恢复到初始化状态，如图： 选择要初始化的项目名称，确定后系统则自动将该项目初始化

4.4.4 考核评价（表4-25）

表 4-25 考核评价

序号	评价项目及标准		自评	互评	教师评分	总评
1	在规定的时间（180分钟）内完成（5分）					
2	能够进行有效的信息收集	电子巡更系统安装与调试信息收集（20分）				
		填写信息收集表（10分）				
3	系统安装与调试	能够正确安装巡检点（10分）				
		能够正确使用巡检器（10分）				
		能够正确进行调试（30分）				
4	工作态度（5分）					
5	安全文明操作（5分）					
6	场地整理（5分）					
7	合计（100分）					

知识梳理与总结

1. 周界防范系统一般由探测器、区域控制器和报警控制中心三部分组成。
2. 常用报警的控制器有：DS6MX-CHI 六防区小型报警主机、DS7400XI 大型报警主机。
3. 周界防范系统的安装主要掌握控制器的安装与调试。

思考与练习

1. 防盗报警系统中探测器的供电要求是什么？如何提供？
2. 防盗报警系统的防区类型有哪些？工作方式如何？
3. 如果将 SD7400XI 大型报警主机的三防区接主动红外探测器的防拆开关，并与主动红外探测器的常闭触点共用一个防区，应该如何接线，画出接线图。

4．DS6MX-CHI 六防区小型报警主机中，有几个防区，可以扩展吗？

5．DS7400XI 报警主机中自带几个防区，可以扩展吗？

6．在 DS7400XI 报警主机中，线尾电阻接多大，接探测器常开触点及常闭触点时，线尾电阻的连接要求有什么不同？

7．DS6MX-CHI 六防区小型报警主机的线尾电阻接多大？

8．声光报警器接在 DS6MX-CHI 六防区小型报警主机的哪个端口上？

9．电子巡更系统有什么功能和优点？

10．简述电子巡更系统的组成。

11．简述应用系统软件线路设置、计划设置的操作方法。

12．简述使用电脑查看、导出电子巡更系统存储数据的方法。

技能拓展

［周界防范系统的安装与调试］**工作任务页**

学习小组		指导教师	
姓名		学号	

工作任务描述

　　某小区现要安装防盗报警系统，系统采用了 DS7400XI 大型报警主机及 DS6MX-CHI 小型报警主机，物业管理员小李负责该项目的安装与调试，他的主要工作任务是，将主动红外对射探测器安装在栅栏上，幕帘探测器安装在单元门口，玻璃破碎探测器安装在业主家的窗户处，DS6MX-CHI 小型报警主机安装在业主家，红外探测器安装在管理中心，液晶键盘、大型报警主机安装在管理中心。选择烟感探测器安装在业主家厨房，感温探测器安装在配电间。在提供的器件中，选择声光报警器安装在安保中心，振动探测器安装在配电间。将 DS6MX-CHI 小型报警主机设置为大型报警主机的 71、72 防区；将 DS6MX-CHI 小型报警主机主码修改为 1010；将玻璃破碎探测器接入 DS6MX-CHI 小型报警主机防区 2，设置为 24h 防区；红外对射探测器以常开状态接入 DS6MX-CHI 小型报警主机防区 3，设置为周界防区；幕帘探测器以常开状态接入 DS6MX-CHI 小型报警主机防区 5，设置为静音防区；将 DS7400XI 大型报警主机编程密码修改为 131313，主操作码为 334455；将红外探测器接入 DS7400XI 大型报警主机防区 3，防区功能为周界即时防区，将振动探测器接入 DS7400XI 大型报警主机防区 4，功能为延时 1 防区，进入延时时间为 20s。将感温探测器接入 DS7400XI 大型报警主机防区 5，功能为延时 2 防区，进入延时时间为 20s。将烟感探测器以常闭状态接入 DS7400XI 大型报警主机防区 6，功能为防火防区，带校验。实现大型报警主机与 PC 机的通讯，CMS7000 软件可记录防盗报警系统所有报警记录（触发所有探测器）。将运行记录保存在计算机 D 盘"乐园小区"文件夹下的"防盗报警系统运行记录"子文件夹内。

任务基本信息确认

任务组长	任务是否清楚	工具准备	资料准备

工作流程

工作流程	描述	资源/时间
流程 1		
流程 2		
流程 3		
流程 4		
……		

学习资料

［1］汪海燕.《安防设备安装与系统调试》［M］.北京：清华大学出版社，2012 年 2 月.

［2］王建玉.《智能建筑安防系统施工》［M］.北京：中国电力出版社，2012 年 8 月.

［3］张小明.《楼宇智能化系统与技能实训》［M］.北京：中国建筑工业出版社，2011 年 5 月.

［4］查阅《常用探测器参数手册》.

［5］设备的使用及编程说明书.

［6］探测器国家标准网 http：//cx. spsp. gov. cn/index. aspx.

资讯提供（资讯）

1. DS7400XI 安装需注意哪些事情？

2. 探测器的安装有何要求？

3. 要完成任务的调试，需先列出哪些项目？

4. 系统检测可触发哪些探测器？

5. 系统出现故障，应如何进行维修？

分组讨论（计划、决策）

实施记录

续表

自查					
检查项目	评价标准	分值	自查	互查	备注
系统安装	能够根据工作任务提供设备清单进行备料，能识别选择合理的器件和材料，并能选择所需的工作	40分			
	能够根据工作任务合理安装器件，并能按规范要求接线，接线质量符合要求				
	能够认真查验器件安装及线路连接的正确性，并能用万用表进行检查				
	器件安装位置合理、美观，走线美观				
	能够遵守安全操作规程，不违规操作，不带电作业				
系统调试	能够根据工作任务列出所需调试项目，能仔细阅读调试编程说明书，并能按分工做好准备工作	40分			
	1. 能正确进行 DS7400XI 主机调试 2. 能正确进行 DS6MX-CHI 主机调试 3. 能正确设置软件参数				
	能触发探测器，并能正确记录系统运行记录				
	能认真填写调试报告				
系统维护	掌握周界防范系统维修方法 理解周界防范系统常见故障	20分			
	能够正确分析故障产生的原因 能进行故障的维修				
	能正确填写维修报告单				

教师评价				
学生整体表现：	□未达要求		□已达要求	

考核项目	表现要求	表现		备注
		√	×	
专业能力 （60分）	器件安装位置正确，连接正确（25分）	DS7400XI 大型报警控制器安装正确，接线正确		
		DS6MX-CHI 六防区报警控制器安装正确，接线正确		
		探测器安装接线正确		
	系统调试（25分）	DS7400XI 报警主机调试正确		
		DS6MX-CHI 报警主机编程调试正确		
		CMS7000 软件调试正确		
	故障维修（10分）	故障分析正确		
		能进行故障维修		

续表

考核项目	表现要求	表现		备注
		√	×	
学习能力 （20分）	积极主动，勤学好问，能够理论联系实际（10分）			
	与组员的沟通协调及学习能力（5分）			
	反应能力、团队意识等综合素质（5分）			
方法能力 （20分）	能够做出安装、调试的详细计划（10分）			
	能够按照任务的要求做出相应的决策，并严格遵守操作规程，能够安全文明操作（5分）			
	明确学习目标和任务目标（5分）			

指导教师评语：

指导教师签字：
年　月　日

实训体会：

学生签字：
年　月　日

项目五　火灾自动报警与消防联动系统的安装与调试

项目描述

　　某智能小区根据国家规范要求安装火灾自动报警系统，安装公司派人进行安装现场的管理，该员工应该掌握火灾自动报警系统的组成、设备的使用及系统的安装与调试。

教学导航

1. 知识目标
(1) 了解火灾自动报警系统的组成。
(2) 掌握火灾自动报警系统的安装与调试。
2. 能力目标
(1) 能够识读火灾自动报警系统图。
(2) 能够正确进行系统的安装与调试。
(3) 能够正确使用工具。
3. 素质目标
(1) 调动学生主动学习的积极性，培养学生善于动脑、勤于思考和敢于实践的基本素质。
(2) 培养学生分析问题和解决问题的能力。

任务 5-1　火灾自动报警与消防联动系统的认知

5.1.1　学习目标

1. 掌握火灾自动报警与消防联动系统的工作原理。
2. 能够认知系统的组成。

5.1.2　学习活动设计

一、任务描述

　　学生通过参观智能小区系统，了解火灾自动报警与消防联动系统的工作过程，掌握系统的组成。

需要提交的成果有：参观总结及系统组成图。

二、任务分析

火灾自动报警与消防联动系统是一种消防安全设备，安装在建筑物内，能早期发现火灾并自动发出警报及自动启动相应消防设备。在任务完成过程中需要：

1. 参观智能小区火灾自动报警与消防联动系统。

2. 了解系统的工作过程及组成。

三、任务实施

（一）环境设备

1. 某智能小区火灾自动报警与消防联动系统。

2. 楼宇智能安防实训室。

（二）操作指导

1. 参观智能小区的火灾自动报警与消防联动系统

（1）成员分工。如表 5-1 所示，根据学生数量把全班分成 5~6 个小组，每组以 6~8 人为宜，每组各选一名组长，在老师的指导下，共同完成任务。

表 5-1　小组一览表

小组名称：　　　　　　　　　　　　　　　　　　　　工作理念：

序号	姓名	职务	岗位职责

（2）明确并在工作过程中实施 6S 管理，即整理、整顿、清扫、清洁、素养、安全。

（3）收集信息并填写信息收集表（表 5-2），查阅和学习表中知识点。

表 5-2　信息收集表

信息收集
什么是火灾自动报警与消防联动系统？
火灾自动报警与消防联动系统的组成及分类。

（4）进行参观，详细记录参观内容（表5-3）

表 5-3　参观记录表

参观内容
1. 参观智能小区的名称？
2. 参观的火灾自动报警与消防联动系统由哪几大模块组成？
3. 参观所认识的器件及功能？

2. 参观智能实训室

（1）根据成员分工，进行参观记录。

（2）画出智能实训室中火灾自动报警与消防联动系统组成框图。

（3）能够说明系统的工作过程。

3. 撰写工作总结，分小组进行汇报

5.1.3　相关知识

一、火灾的形成与发展

（1）火灾的概念

火灾是指在时间和空间上失去控制的燃烧所造成的灾害。

（2）火灾的发展

火灾的发展大体上经历四个阶段：

① 火灾初起阶段

此阶段是火灾开始蔓延的阶段。一般指起火后的最初时间内，此阶段火场燃烧面积不大，烟气流动速度缓慢，火焰辐射出的能量还不多，火场周围的物品和建筑结构虽已开始受热但温度上升不快。这个阶段只需投入较少的人力和应急灭火器材就能控制或扑灭火灾。

② 火灾发展阶段

这一阶段火灾迅速蔓延，在高温烟气流和火焰辐射热的作用下，周围可燃物品受热分解燃烧，燃烧面积扩大，燃烧速度加快，需要用大量的人力和灭火器材才能控制和扑灭火灾。

③ 猛烈燃烧阶段

此时整个火场被火吞噬，火势迅猛向周围扩展蔓延，火灾几乎进入一个比较稳定的阶段，总的燃烧速度相对不变，空间温度急剧上升，使周围可燃物品几乎全部卷入燃烧，火势猛烈、燃烧强度最大，是火灾最难扑救的阶段。

④ 熄灭阶段

此阶段火场内可燃材料已耗尽或由于灭火剂的作用火势被控制住，火场空间中的热强度开始降低，燃烧逐渐减弱直至熄灭。

从上述分析可看出，火灾的初起阶段最易控制和扑灭。如果能及时发现并迅速扑灭对防止火势蔓延、减少火灾损失具有重大意义。

二、火灾自动报警系统的组成

火灾自动报警系统一般由触发器件、火灾报警装置、火灾警报装置以及具有其他辅助功能的装置组成。火灾自动报警系统可以在火灾初期将燃烧产生的烟雾、热量和光辐射等物理量通过感温、感烟和感光等火灾探测器接收到的信号转变成电信号输入到火灾报警控制器中，报警控制器立即以声光信号向人们发出警报，同时指示火灾发生的部位，并记录下火灾发生的时间。火灾自动报警系统还可以与自动灭火系统、防排烟系统、通风系统、空调系统及防火卷帘门等防火系统设备联动，自动或手动发出指令，启动相应的灭火装置，如图 5-1 所示。

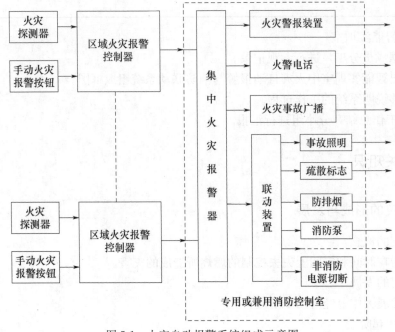

图 5-1　火灾自动报警系统组成示意图

三、火灾自动报警系统的基本形式

现行国家标准《火灾自动报警系统设计规范》规定，火灾自动报警系统的基本形式有三种，即区域报警系统、集中报警系统和控制中心报警系统。区域报警系统适用于二级保护对象，集中报警系统适用于一、二级保护对象，控制中心报警系统适用于特级、一级保护对象。

1. 区域报警系统

区域报警系统由区域报警控制器、火灾探测器、手动火灾报警按钮、火灾警报装置等组成，如图 5-2 所示。采用区域报警系统时，其区域报警控制器不应超过三台，因为在此报警系统中未设置集中报警控制器，当火灾报警区域过多而又分散时不便于集中监控与管理。

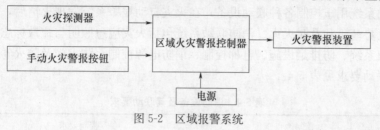

图 5-2　区域报警系统

2. 集中报警系统

集中报警系统是由火灾探测器或手动火灾报警按钮、区域火灾报警控制器和集中报警控制器等组成，如图 5-3 所示。它适用于较大范围内多个区域的保护。集中报警系统设有一台集中报警控制器和两台以上的区域火灾报警控制器，设置了必要的消防联动输入、输出接点，用来控制有关消防设备并接受其反馈信号。集中报警控制器能显示火灾报警信号的部位，并能进行联动控制。

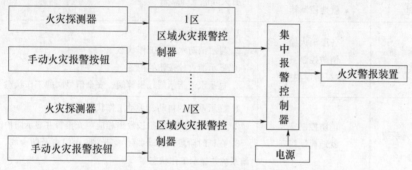

图 5-3　集中报警系统

3. 控制中心报警系统

控制中心报警系统是由火灾探测器、手动火灾报警按钮、区域火灾报警控制器、集中火灾报警控制器以及消防控制设备等组成，如图 5-4 所示。一般情况下，在控制中心报警系统中，集中火灾报警控制器设在消防控制设备内，组成消防控制装置。控制中心报警系统可对建筑物内的防火安全设施进行全面控制与管理，适用于一类防火建筑。

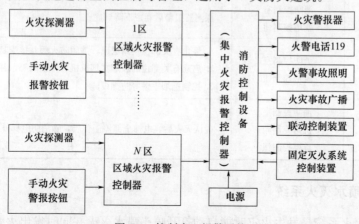

图 5-4　控制中心报警系统

四、消防联动系统

消防联动系统用于控制各种联动设备，在火灾自动报警系统发现火情后，自动启动各种设备，避免火势蔓延和及时灭火。消防联动系统包括火灾应急照明与疏散标志、火灾报警装置、自动灭火系统、防排烟设施、电梯控制、消防电源控制、防火门及防火卷帘控制等。消防设备及其联动要求见表5-4。

表5-4　消防设备及其联动要求

消防设备	控制地点	控制要求
火灾警报装置 应急广播	消防控制室	1. 二层及以上楼层起火，应先接通着火层及邻上下层 2. 首层起火，应先接通本层、二层及全部地下层 3. 地下室起火，应先接通地下各层及首层 4. 含多个防火分区的单层建筑，应先接通着火的防火分区
非消防电源箱	消防控制室	有关部位全部切断
应急照明 疏散标志	消防控制室 就地控制箱	有关部位全部点亮
室内消火栓系统 水喷淋系统	各层消火栓 消防控制室 水泵房控制室	1. 控制系统启停 2. 显示消防水泵的工作状态 3. 显示消火栓按钮的位置 4. 显示水流指示器、报警阀、安全信号阀的工作状态
管网气体灭火系统	消防控制室 就地控制箱	1. 显示系统的自动、手动工作状态 2. 在报警、喷射各阶段发出相应声光报警并显示防护区报警状态 3. 在延时阶段，自动关闭本部位防火门窗及防火阀，停止通风空调系统并显示工作状态
泡沫灭火系统 干粉灭火系统	消防控制室 就地控制箱	1. 控制系统启停 2. 显示系统工作状态
常开防火门	消防控制室 就地控制箱	门任一侧火灾探测器报警后，防火门自动关闭且关门信号反馈回消防控制室
防火卷帘 （疏散通道）	消防控制室 就地控制钮	1. 烟感报警，卷帘下降至楼面1.8m处 2. 温感报警，卷帘下降到底
防火卷帘 （防火分隔）	消防控制室 就地控制钮	探测器报警后卷帘下降到底
防排烟设施 空调通风设施	消防控制室 就地控制钮	1. 停止有关部位空调送风，关闭防火阀并接受其反馈信号 2. 启动有关部位的放烟排风机、排烟阀等，并接受其反馈信号 3. 控制挡烟垂壁等防烟设施
电梯	消防控制室 机房控制箱 首层控制钮	确认火灾后，电梯全部停于首层，除消防电梯外，全部停运

五、自动喷水灭火系统

自动喷水灭火系统是发生火灾时能自动打开喷头喷水灭火并同时发出火警信号的消防设

施，是目前世界上使用最普遍的一种固定灭火设备，它具有自动探测、报警和喷水灭火的功能。其特点是安全可靠、控火成功率高、结构简单、维护方便、使用期长、适用范围广泛。如图5-5所示为某大厦自动喷水灭火系统示意图。

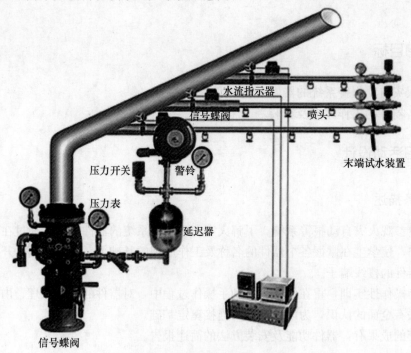

图5-5　自动喷淋灭火系统示意图

5.1.4　考核评价（表5-5）

表5-5　考核评价

序号	评价项目及标准		自评	互评	教师评分	总评
1	在规定的时间（180分钟）内完成（10分）					
2	能够进行有效的信息收集	火灾自动报警系统信息收集（20分）				
		填写信息收集表（10分）				
3	认知系统	能够正确画出参观小区火灾自动报警系统图（25分）				
		能够正确指出实训室内火灾自动报警系统的组成（15分）				
4	工作态度（5分）					
5	安全文明操作（10分）					
6	场地整理（5分）					
7	合计（100分）					

任务 5-2　器件认知

5.2.1　学习目标

1. 了解火灾自动报警系统的器件组成。
2. 掌握各器件的工作原理及安装。

5.2.2　学习活动设计

一、任务描述

学生通过参观火灾自动报警系统，了解火灾自动报警系统的器件组成。通过在实训室内进行器件认知，使学生在掌握各个器件的名称及工作原理的基础上，能够正确拆开各器件外壳，认识各器件的接线端子。

本任务为操作性实训，重在使学生在动手操作过程中，对器件的工作原理、内部结构和端子检测方法有全面的认识，为以后系统的连接奠定基础。

需要提交的成果有：器件功能及安装方法的简述报告。

二、任务分析

火灾自动报警系统是目前各智能小区常用的安防系统之一，本任务主要目标是使学生了解火灾自动报警系统各元器件的功能及设备的安装方法，因此在任务完成过程中需要：

1. 参观智能小区火灾自动报警系统，深入了解各器件的外貌及其功能。
2. 在实训室内进行器件的认知。

三、任务实施

（一）环境设备

1. 器件：感温探测器、感烟探测器、闭式喷头、报警止回阀、延迟器、水力警铃、压力开关（安于管上）、水流指示器、管道系统、供水设施、报警装置及控制盘。
2. 工具：螺丝刀、万用表、尖嘴钳、斜口钳、剥线钳。
3. 耗材：导线若干、螺钉。

（二）操作指导

1. 参观火灾自动报警与消防联动系统

（1）成员分工。

（2）明确并在工作过程中实施 6S 管理，即整理、整顿、清扫、清洁、素养、安全。

（3）收集信息并填写信息收集表（表 5-6），查阅和学习表中知识点。

（4）进行参观，详细记录参观内容（表 5-7）。

2. 智能实训室

（1）根据要求，认识器件，拆解各端子并熟悉其功能。

表 5-6　信息收集表

信息收集
火灾自动报警系统包括哪些器件？
消防联动系统包括哪些器件？

表 5-7　参观记录表

参观内容
1. 记录哪些器件是不认识的。
2. 对不认识的器件依据所学进行合理的猜想。

（2）画出智能实训室中各器件接线端子的功能图。

（3）能够说明各器件的功能并简述工作原理。

3. 撰写工作总结，分小组进行汇报

5.2.3　相关知识

一、触发器件

在火灾自动报警系统中，自动或手动产生火灾报警信号的器件称为触发器件，主要包括手动火灾报警按钮和火灾探测器。

1. 手动火灾报警按钮

如图 5-6 所示，手动火灾报警按钮是手动方式产生火灾报警信号、启动火灾自动报警系统的器件。

2. 火灾探测器

火灾探测器是能对火灾参数（如烟、温、光、火焰辐射、气体浓度等）响应，并自动产生火灾报警信号的器件，不同类型的火灾探测器适用于不同类型的火灾和不同的场所。按照响应火灾参数的不同，火灾探测器分为五种基本类型：

图 5-6　手动火灾报警按钮

（1）感烟火灾探测器

感烟火灾探测器是一种响应燃烧或热解产生的固体或液体微粒（即烟雾粒子）的火灾探测器。主要用来探测可见或不可见的燃烧产物，尤其有阴燃阶段，产生大量的烟和少量的热，很少或没有火焰辐射的初期火灾。它具有能早发现火灾、灵敏度高、响应速度快、使用面较广等特点。

常用感烟火灾探测器见表 5-8。

表 5-8　常用感烟火灾探测器

分类	作用	图例
离子感烟探测器	离子感烟探测器是根据烟雾粒子的吸附作用改变电离室电离电流的特性进行火灾探测	
散光型光电感烟探测器	当烟雾粒子进入光电感烟探测器的烟雾室，探测器内的光源发出的光线被烟雾粒子散射，散射光使处于光路一侧的光敏元件感应，光敏元件的响应与散射光的大小有关，且由烟雾粒子的浓度决定。若探测器感受到的烟浓度超过一定限度时，光敏元件接收到的散射光的能量足以引起探测器动作，从而发送火灾信号	
遮光型光电感烟探测器	此种火灾探测器的检测室内装有发光元件和受光元件。在正常情况下，受光元件接收到发光元件发出的一定光量，而在火灾发生时，探测器的检测室内进入了大量烟雾，由于烟雾粒子对光源发出的光产生散射和吸收作用，使受光元件接收到的光量减少，光电流降低，当烟雾粒子浓度上升到某一预定值时，探测器发送火灾信号	
红外光束型感烟探测器	这种火灾探测器主要包括一个光源、一套光线照准装置和一个接收装置，它是应用烟雾粒子吸收或散射红外光束而工作的，一般用于保护大面积开阔的区域	

（2）感温火灾探测器

感温火灾探测器是一种利用热敏元件来探测火灾发生的装置。常用感温火灾探测器见表 5-9。

表 5-9　常用感温火灾探测器

组成部分	作用	图例
定温式感温探测器	温度达到或超过预定值时即能响应的火灾探测器。根据其工作原理可分为双金属定温式火灾探测器、易熔合金定温式火灾探测器、热敏电阻定温式火灾探测器、玻璃球定温式火灾探测器、缆式线型定温式火灾探测器	
差温式感温探测器	升温速率超过预定值时就能响应的火灾探测器。根据其工作原理可分为双金属差温式火灾探测器、热敏电阻差温式火灾探测器、膜盒差温式火灾探测器、半导体差温式火灾探测器、空气线管型差温式火灾探测器	
差定温式感温探测器	这种探测器兼有定温探测器和差温探测器的两种功能。根据其工作原理可分为膜盒差定温组合式火灾探测器、热敏电阻差定温组合式火灾探测器、双金属差定温组合式火灾探测器。其中膜盒差定温组合式火灾探测器最为常用	

（3）感光火灾探测器

感光火灾探测器是响应火焰辐射出的红外、紫外及可见光的火灾探测器，如图 5-7 所示。

（4）可燃气体探测器

可燃气体探测器是利用测试环境的可燃性气体对气敏元件造成影响的原理制成的火灾探测器。它主要用于易燃易爆场合的可燃气体检测，如图 5-8 所示。

图 5-7　红外火焰探测器　　　　图 5-8　可燃气体探测器

（5）复合式火灾探测器

复合式火灾探测器是对两种或两种以上火灾参数响应的探测器。如图 5-9 所示，为烟温复合火灾探测器。

二、火灾报警装置

火灾报警装置（火灾报警控制器），指在火灾自动报警系统中，用以接收、显示和传递火灾报警信号，并能发出控制信号和具有其他辅助功能的控制显示设备，如图 5-10 所示。

图 5-9　烟温复合探测器

图 5-10　火灾报警控制器

主要有以下功能：

1. 供电功能

供给火灾探测器稳定的直流电源，一般为 DC24V 或 DC12V，以保证火灾探测器稳定可靠工作。且系统设置主、备电源，主电源是 AC220V 市电，备用电源一般为蓄电池，主、备电源可以自动监控切换。

2. 火灾记忆功能

对火灾探测器探测到火灾参数后发来的火灾报警信号能够迅速、准确地进行转换处理，以声、光形式报警，并指出火灾发生的具体部位。火灾报警控制器接收到火灾探测器发送的火灾报警信号后予以保存，不随信号源的消失而消失。在火灾探测器的供电电源线被烧短路时，不失去已有的火灾信息，并能继续接收其他回路的手动按钮或火灾探测器发送来的火灾报警信号。

3. 消声后再声响功能

在接收某一回路火灾探测器发来的火灾报警信号后，可通过火灾报警控制器的消声键人为消声。此时控制器又接收到其他回路火灾探测器发来的火灾报警信号，仍能发出声、光报警，以及时引起值班人员的注意。

4. 输出控制功能

具有一对以上的输出控制接点，供发生火警时切断空调、通讯设备的电源，关闭防火门或启动消防施救设备，阻止火势进一步蔓延。

5. 故障报警功能

监视系统一旦发生线路断线、短路以及探测器人为或意外脱落、内部损坏等自身故障，立即以区别于火警的声、光形式发出故障报警信号，指出具体故障部位，以便修复。故障报警信号一般采用黄色指示灯。

6. 火警优先功能

火警报警控制器接收到火灾报警控制信号后，如果存在其他故障报警信号，则只进行火灾报警，以免引起值班人员的混淆。只有当火情排除后，人为将控制器复位，若故障仍存在会再次发出故障报警信号。

7. 手动检查功能

由于火灾报警控制器对火警及各类故障均能进行自动监控，且平时处于监视状态，无火警无故障时，使用人员无法知道自动监控系统是否完好。所以在火灾报警控制器上设置了手动检测装置（自检），可供随时或定期检查系统各部分、各环节的电路和元器件是否完好无损，系统各种自动监控功能是否正常，以保证火灾自动报警系统始终处于正常工作状态。手动检查试验后可自动或手动复位。

三、火灾警报装置

在火灾自动报警系统中，用以发出区别于环境声、光的火灾警报信号的装置称为火灾警报装置。常用的警报装置如声光报警器、警铃、警笛、火警电铃等。如图 5-11（a）所示，为手动报警按钮，5-11（b）为声光报警器，5-11（c）为警铃。一般设置在走廊、楼梯等公共场所。

(a)

(b)

(c)

图 5-11　常用火灾警报装置

火灾警报装置还包括火灾事故广播、紧急电话系统等。火灾事故广播的扬声器宜按防火区设置和分路，每个防火区中的任何部位到最近一个扬声器的水平距离不大于 25m，在公共场所或走廊内每个扬声器的功率需不小于 3W。火灾事故紧急电话是与普通电话分开的独立系统，用于消防中心控制室与火灾报警器设置点及消防设备机房等处的紧急电话。

四、自动喷淋灭火系统常用器件

1. 水流指示器

水流指示器的作用是把水的流动转换成电信号报警，其电接点即可直接启动消防水泵，也可接通电警铃报警。在多层或大型建筑的自动喷水系统中，在每一层或每分区的干管或支管的始端安装一个水流指示器，如图 5-12 所示。

2. 消防喷淋头

消防喷淋头是自动喷水系统的重要组成部分，可分为封闭式喷头和开启式喷头两种。

（1）封闭式喷头

封闭式喷头可分为易熔合金式、双金属片式和玻璃球式三种。应用最多的是玻璃球式喷头，如图 5-13（a）所示。

图 5-12　水流指示器

　　火灾时，开启喷水是由感温部件（充液玻璃球）控制的，当装有热敏液体的玻璃球达到动作温度（57℃、68℃、79℃、93℃、141℃、182℃、227℃、260℃）时，球内液体膨胀，使内压力增大，玻璃球炸裂，密封垫脱开，喷出压力水，由于压力降低压力开关动作，将水压信号变为电信号向喷淋泵控制装置发出启动信号，保证喷头有水喷出。同时，流动的消防水使主管道分支处的水流指示器电接点动作，接通延时电路，通过继电器触点，发出声光信号给控制室，以识别火灾区域。喷头具有探测火情、启动水流指示器、扑灭早期火灾的重要作用，其特点是结构新颖、耐腐蚀性强、动作灵敏、性能稳定。适用于高层建筑、仓库、地下工程、宾馆等适用水灭火的场合。

　　（2）开启式喷头［图 5-13（b）］

　　开启式喷头按其结构可分为双臂下垂式、单臂下垂式、双臂直立式和双臂边墙式四种。

(a)　　　　　　　　　　　　　(b)

图 5-13　消防喷淋头
(a) 封闭式喷头；(b) 开启式喷头

　　开启式喷头的特点是外形美观、结构新颖、价格低廉、性能稳定、可靠性强，适用于易燃、易爆品加工现场、储存仓库以及剧场舞台上部的葡萄棚下部等处。

　　3. 压力开关

　　压力开关安装在延迟器与水力警铃之间的信号管道上，如图 5-14 所示。压力开关的工作原理是：当喷头启动喷水时，报警阀阀瓣开启，水流通过阀座上的环形槽流入信号管道和延迟器。延迟器充满水后，水流经信号管进入压力继电器，压力继电器接到水压信号，即接通电路报警，并启动喷淋泵。

4. 湿式报警阀

湿式报警阀安装在总供水干管上，连接供水设备和配水管网，如图 5-15 所示。即使当管网中有一个喷头喷水，破坏了阀门上下的静止平衡压力，也必须立即开启，任何迟延都会耽误报警。它一般采用止回阀的形式，即只允许水流向管网，不允许水流回水源。湿式报警阀的作用：平时阀芯前后水压相等，水通过导向杆中的水压平衡小孔保持阀板前后水压平衡，由于阀芯的自重和阀芯前后所承受水的总压力不同，阀芯处于关闭状态（阀芯上面的总压力大于阀芯下面的总压力）。发生火灾时，闭式喷头喷水，由于水压平衡小孔来不及补水，报警阀上面的水压下降，此时阀下水压大于阀上水压，于是阀板开启，向洒水管网及洒水喷头供水，同时水沿着报警阀的环形槽进入延迟器、压力继电器及水力警铃等设施，发出火警信号并启动消防水泵等设施。

图 5-14　压力开关

图 5-15　湿式报警阀

5. 水力警铃

水力警铃用于火灾时报警，如图 5-16 所示。水力警铃宜安装在报警阀附近，其连接管的长度不宜超过 6m，高度不宜超过 2m，以保证驱动水力警铃的水流有一定的水压，不得安装在受雨淋和曝晒的场所，以免影响其性能。电动报警不得代替水力警铃。

6. 延迟器

延迟器是一个罐式容器，安装在报警阀与水力警铃之间，用于防止由于水源压力突然发生变化而引起报警阀短暂开启，对因报警阀局部渗漏而进入警铃管道的水流起暂时容纳作用，从而避免虚假报警，如图 5-17 所示。火灾真正发生时，喷头和报警阀相继打开，水流源源不断地流入延迟器，经 30s 左右充满整个容器，然后冲入水力警铃。

7. 试警铃阀

进行人工试验检查时，打开试警铃阀泄水，报警阀能自动打开，水流应迅速充满延迟器，并使压力开关及水力警铃立即动作报警。

8. 末端试水装置

喷水管网的末端应设置末端试水装置，宜与水流指示器一一对应。末端试水装置的作用是对系统进行定期检查，以确定系统是否正常工作。

图 5-16 水力警铃

图 5-17 延迟器

9. 接触器（图 5-18）

接触器用于远距离、频繁地接通和分断交、直流主电路和大容量控制电路的电器。其主要的控制对象为电动机，也可用作控制电热设备、电照明、电焊机和电容器组等电力负载。接触器具有较高的操作频率，最高操作频率可达每小时 1200 次。接触器的寿命很长，机械寿命一般为数百万次至一千万次，电寿命一般为数十万次至数百万次。在电路中并不要求接触器具有分断短路电流的能力，当线路发生短路时，由与接触器相串联的熔断器或断路器进行保护。

接触器广义上是指工业电中利用线圈流过电流产生磁场，使触头闭合，以达到控制负载的电器。

图 5-18 接触器

接触器按电压等级分为高压接触器和低压接触器；按电流种类分为交流接触器和直流接触器；按操作机构分为电磁式接触器、液压式接触器、气动式接触器；按动作方式分为直动式接触器和转动式接触器；按主触头的数量分为单极、两极、三极、五极接触器；按接触器未动作前主触头的位置分为常开触头接触器和常闭触头接触器。其中交流接触器（电压 AC）和直流接触器（电压 DC），应用于电力、配电与用电。

5.2.4 考核评价（表5-10）

表 5-10 考核评价

序号	评价项目及标准		自评	互评	教师评分	总评
1	在规定的时间（180分钟）内完成（5分）					
2	能够进行有效的信息收集	火灾自动报警及消防联动系统器件信息收集（15分）				
		填写信息收集表（10分）				
3	认知器件	能够正确认知火灾报警触发器件（15分）				
		能够正确认知火灾报警控制器（10分）				
		能够认知火灾警报装置（5分）				
		能够认知自动喷水系统器件（25分）				
4	工作态度（5分）					
5	安全文明操作（5分）					
6	场地整理（5分）					
7	合计（100分）					

任务 5-3 火灾自动报警及消防联动系统的安装与调试

5.3.1 学习目标

1. 能够安装火灾自动报警及消防联动系统的各器件。
2. 掌握火灾自动报警及消防联动系统的调试方法。
3. 能够识读接线图。

5.3.2 学习活动设计

一、任务描述

安装公司为某高层小区安装火灾自动报警及消防联动系统，其中报警探测器采用感烟探测器，消防联动为自动喷水灭火系统。

需要提交的成果有：火灾自动报警及消防联动系统接线图及工作报告。

二、任务分析

火灾自动报警及消防联动系统是高层建筑所必备的消防设施，本任务主要目标是使学生熟练地掌握火灾自动报警及消防联动设备的安装及调试方法。因此在学习过程中，学生需掌握以下知识：

1. 了解火灾自动报警及消防联动系统各器件的接线安装方法。
2. 能够对安装完成后的各个设备进行调试。

三、任务实施

（一）环境设备

1. 器材：火灾探测器（感烟、感温、可燃）、区域报警探测器、警铃、手动报警按钮、闭式喷头、报警止回阀、延迟器、水力警铃、压力开关（安于管上）、水流指示器、管道系统、供水设施、报警装置及控制盘等。

2. 工具：万用表、螺丝刀、尖嘴钳、斜口钳、剥线钳等。

3. 耗材：导线（$\phi0.5$ 的红、黑，$\phi0.3$ 的蓝、黄、绿、白）。

（二）操作指导

在智能实训室进行实战演练。

1. 器件及工具准备。
2. 系统安装。
3. 系统检测。
4. 撰写工作总结，分小组进行汇报。

5.3.3　相关知识

一、火灾自动报警及消防联动系统的安装

1. 火灾探测器的安装

（1）点型火灾探测器的安装

在宽度小于 3m 的内走道顶棚上安装探测器时，宜居中安装。点型感温火灾探测器的安装间距不应超过 10m；点型感烟火灾探测器的安装间距不应超过 15m。探测器至端墙的距离不应大于安装间距的一半；探测器宜水平安装，当确需倾斜安装时，倾斜角不应大于 45°。

（2）线型红外光束感烟火灾探测器的安装

当探测区域的高度不大于 20m 时，光束轴线至顶棚的垂直距离宜为 0.3～1.0m；当探测区域的高度大于 20m 时，光束轴线距探测区域的地（楼）面高度不宜超过 20m；相邻两组探测器的水平距离不应大于 14m。探测器至侧墙水平距离不应大于 7m，且不应小于 0.5m；发射器和接收器之间的探测区域长度不宜超过 100m；发射器和接收器之间在光路上应无遮挡物或干扰源；发射器和接收器应安装牢固，并不应产生位移。

检查数量：全数检查。

检验方法：尺量、观察检查。

（3）缆式线型感温火灾探测器在电缆桥架、变压器等设备上安装时，宜采用接触式布

置；在各种皮带输送装置上敷设时，宜敷设在装置的过热点附近。

（4）敷设在顶棚下方的线型差温火灾探测器，至顶棚距离宜为 0.1m，相邻探测器之间水平距离不宜大于 5m；探测器至墙壁距离宜为 1～1.5m。

（5）可燃气体探测器的安装应符合下列要求

安装位置应根据探测气体密度确定。若其密度小于空气密度，探测器应位于可能出现泄漏点的上方或探测气体的最高可能聚集点上方；若其密度大于或等于空气密度，探测器应位于可能出现泄漏点的下方。

在探测器周围应适当留出更换和标定的空间；在有防爆要求的场所，应按防爆要求施工。

线型可燃气体探测器在安装时，应使发射器和接收器的窗口避免日光直射，且在发射器与接收器之间不应有遮挡物，两组探测器之间的距离不应大于 14m。

2. 火灾警报装置的安装

（1）火灾应急广播扬声器和火灾警报装置安装应牢固可靠，表面不应有破损。

（2）火灾光警报装置应安装在安全出口附近明显处，距地面 1.8m 以上。光警报器与消防应急疏散指示标志不宜在同一面墙上，安装在同一面墙上时，距离应大于 1m。

（3）扬声器和火灾声警报装置宜在报警区域内均匀安装。

3. 自动喷水灭火系统的安装

（1）自动喷水湿式灭火系统的信号蝶阀、湿式报警阀、延迟器等应集中在建筑物底层或地下控制室，其环境温度不低于 4℃，不会造成冰冻，报警阀安装高度距地面宜为 1.2m，两侧距离不少于 0.5m，正面距墙 1.2m，以便操作，安装应按规定进行。水力警铃应设在建筑物的主要通道或经常有人停留的场所附近，管径为 20mm，总长不应大于 20m，离报警阀高度不超过 5m。

（2）系统放水阀、试警铃阀、延迟器溢水孔、水力警铃应分别接入排水管，排水管直径不应小于报警阀配套试验阀通径的 2 倍。

（3）信号阀按水流方向与报警阀配套安装完毕后，打开塑料罩壳，将黄线和蓝线接到消防控制中心，作为输出信号线。接线后，可旋转手轮检查有无启闭信号输出，然后将信号蝶阀处于最大开启位置。

（4）湿式报警阀应竖直安装，距地面高度一般为 1.2m 左右，两侧距墙不小于 0.5m，正面距墙 1.2m，所有排水孔均采取排水措施。

（5）水流指示器接线：接线端子"＋"，为红线，接电源 DC24V "＋"极，"－"端为黑线，接地线，"常开"端为黄线，接报警系统中的信号端。"公共点"为蓝线，为减少引线，可将其与"－"相短接。

（6）压力开关应垂直安装在延迟器之后和水力警铃之前支管旁通管道上，作为水电转换装置，因此在系统安装完毕后，需对其进行联动调试开通。

（7）信号蝶阀均按标准严格检验、试验合格，用户在安装使用时，勿随意拧动产品各部位的零件。安装前应首先确认本产品性能与运行状况相符，并将阀门内擦拭干净。接信号线时，先拆下塑料罩壳，在接线板红线处接 DC24V 电源。将黄线（或白线）接至消防控制中心，作为输出信号线即可。接线完毕，可旋转手轮检查有无启闭信号输出。安装后，管道进行强度试验前，应将管道内腔冲洗干净，并将阀门蝶板打开。

二、火灾自动报警与消防联动系统的调试

1. 火灾探测器的调试（表 5-11）

表 5-11　火灾探测器的调试

序号	操作
1	应采用专用检测仪对探测器进行逐个检测，要求探测器动作准确无误
2	在安装现场一般做定性试验，对于数字探测器，可利用专用的火灾探测器检查装置检测。若无这类检查设备，可利用报警控制器代替，让报警控制器接出一个回路开通，接上探测器底座，然后利用报警控制器的自检、报警等功能，对控制器进行单体试验。模拟量火灾探测器单体调试一定要在报警控制器调试时进行，因其工作特点，无法脱离报警控制器和探测回路独立进行
3	对于感烟探测器可采用点型感烟探测器对其感烟功能进行测试。一般探测器在加烟后 30s 内火灾确认灯亮，表示探测器工作正常，否则不正常

2. 报警控制器的调试（表 5-12）

表 5-12　报警控制器的调试

序号	操作
1	报警控制器单机开通前，不接报警点，使机器空载运转，确定控制器是否在运输和安装过程中损坏。开机后将所连接探测器进行编码，并在平面图上做详细记录。对于与控制器未能建立正常通信状态的探测点要逐个检查，如果是线路问题，则在排除线路故障后再开机测试；如果是探测器问题则更换探测器
2	对于连不上的报警点，首先到现场测量直流工作电压是否到位，若无电压则是线路问题，再检查电流的正确性，正常情况下，平均每个报警点的监视电流大约为 0.2~1mA，量出电流值，如果与报警点总电流计算值（单个报警点监视电流×报警点总数）相差大于 10mA，则说明回路各探测点工作状态不正常，则要检查是线路问题还是探测点已损坏，直至电流测量正常为止。如是线路问题，再看看探头与底座接触是否良好
3	如果以上可能性已排除，则必须更换报警点或底座，注意新底座不能与回路中现有的报警点编码重号
4	对报警控制要做如下功能检查：火灾报警自检功能，消声、复位功能，故障报警功能，火灾优先功能，报警记忆功能，电源自动转换及备用电源充电功能，备用电源过压、欠压报警功能等
5	如果通用控制器到楼层显示器联调，所有楼层显示器都连不上或通用控制器报故障，则可能是通讯线极性接反，如果某台楼层显示器连不上，则可能是楼层显示器程序芯片未写入层显号或通讯接口损坏，可将这台楼层显示器的程序芯片换到其他楼层显示器上试验查找原因
6	如果主、从控制器（集控—区控系统）联调，同样如此：从控（区控）都连不上或主控（集控）报故障，则可能是通讯线极性接反或通讯线路有问题。反之只能在通讯干线与区控的对接处逐次分段查找，直至确定有问题的区控位置。如果某台区控连不上，则可能是区控中未编入区控号或区控通讯口损坏

3. 联动系统的调试（表 5-13）

表 5-13　联动系统的调试

序号	操作
1	开通前，首先对线路做仔细检查，查看导线上的标注是否与施工图上的标注吻合，检查接线端子的压线是否与接线端子表的规格一致，排除线路故障
2	对所需联动设备要在现场模拟试验均无问题后，再在消防中心对设备进行手动或自动操作做系统联调
3	调试完毕后，将调试记录、接线端子表整理齐全完善，最后，将消防中心总电源打开进行远程手动或自动联动调试

4. 消防广播通讯系统调试

(1) 消防对讲系统的调试（表5-14）

表5-14　消防对讲系统的调试

序号	操作
1	检查消防中心至各对讲插件电源线路、音频线、信号线是否正确，排除线路故障
2	检查各楼层的对讲插件的编号值是否与设计的接线端子表的编号值一致，防止在安装过程中相互颠倒
3	从消防对讲主机处逐个呼叫各对讲插件，检查话音质量，如果背景噪声较大，则可能是音频经过某段区域同强电线共管，或对讲插件的音频接线有问题，需要分段测试确定具体部位并排除

(2) 消防应急广播的调试（表5-15）

表5-15　消防应急广播的调试

序号	操作
1	检查消防中心至各楼层的应急广播音频线是否到位
2	检查消防中心的CD播放机、功放的电源线及音频线是否正确连接
3	打开CD播放机及功放的电源开关，对各楼层的背景音乐做强切试验

5. 火灾应急照明及安全疏散指示（表5-16）

表5-16　火灾应急照明及安全疏散指示

序号	项目	操作
1	火灾应急照明及安全疏散指示灯的应急功能测试	模拟交流电源供电故障，应顺序转换为应急电源工作，转换时间不大于5s
2	应急工作时间及充放电功能测试	转入应急状态后，用时钟记录应急工作时间，用数字万用表测量工作电压。应急工作时间应不小于90min，灯具电池放电终止电压应不低于额定电压的80%，并有过充电、放电保护
3	应急照明测试	在应急状态下使用应急照明灯，应急照明灯打开20min后，用照度计在通道中心线任一点及消防控制室和发生火灾后仍需工作的房间测其照度。应急疏散照明的照度应大于0.5lx，消防控制室照度应大于150lx，消防泵房、防排烟机房、自备发电机房等房间照度应大于20lx，电话总机房照度大于75lx，配电房照明照度应大于30lx
4	疏散指示照度测试	用照度计在灯前1m处的通道中心点测其照度，其值应不小于1lx

6. 火灾自动报警的联动调试（表5-17）

表5-17　火灾自动报警的联动调试

序号	操作
1	消防控制中心能远程启停各消防防排烟风机并有信号返回
2	消防控制中心能远程开启各电控防排烟阀并有信号返回
3	报警联动启动联动消防防排烟风机1～3次
4	报警联动启动消防防排烟阀1～3次

7. 自动喷水灭火系统的调试（表5-18）

表5-18　自动喷水灭火系统的调试

序号	项目	操作
1	消防水系统调试	系统调试应具备的条件：消防水池、水箱已储备设计要求的水量；系统供电正常；消防气压给水设备的水位、气压符合设计要求；预作用喷水灭火系统管网内气压符合设计要求；阀门均无渗漏；与系统配套的火灾自动报警系统处于工作状态
2	稳压泵调试	稳压泵应按设计要求进行调试。当达到设计启动条件时，稳压泵应能立即启动；当达到系统设计压力时，稳压泵自动停止运行；当消防水泵启动时，稳压泵应停止运行
3	报警阀性能试验	湿式报警阀调试时，在试水装置处放水，当湿式报警阀进口水压大于0.14MPa，放水流量大于1L/s时，报警阀应及时启动；带延迟器的水力警铃应在5~90s内发出报警铃声，不带延迟器的水力警铃应在15s内发出报警铃声；压力开关应及时动作，并反馈信号
4	喷淋泵功能调试	喷淋泵功能调试在其2h全负荷单机试运行合格后进行，需用临时管道进行调试
		调试前应确保气压罐已安装、充气合格，远传压力表安装合格，控制线连接到位
		手动启泵：关闭临时管道出口处阀门，手动启动稳压泵，使临时管道内充满水，并逐渐升压，当远传压力表升至0.5MPa后停泵
		将稳压泵调至自动工作状态
		缓缓开启临时管道出口处阀门，使系统降压，当压力降至0.5MPa时，稳压泵应自动启动补水。当满足上述要求时，继续下一项试验，否则将设备切换至检修状态，对控制系统进行调整，直至符合要求后继续进行下一项试验
		重复上述稳压泵调试和报警阀性能试验操作，然后缓缓开启临时管道出口处阀门，使系统降压，当压力降至0.5MPa时，稳压泵自动启动补水，此时缓缓关闭临时管出口处阀门，系统压力升高，当压力升至0.6MPa时，稳压泵应自动停泵。当满足要求时则进行下一项试验，否则将设备切换至检修状态，对控制系统进行调整，直至符合要求后继续进行下一项试验
		将一台稳压泵切换至检修位置，重复上面操作，另一台泵应能自动工作
		将稳压泵切换至检修状态，系统压力调至0.5MPa以下，然后将稳压泵切换至自动状态，稳压泵应能自动启动。关闭系统出口处阀门用主泵将系统升压到0.6MPa以上，然后将稳压泵切换至自动状态，稳压泵应不启动。否则将设备切换至检修状态，对控制系统进行调整，直至符合要求
		喷淋主泵应能满足压力开关启泵和消防中心启、停泵的功能要求。水泵功能调试完成后，将设备切换至检修状态，将临时管路拆除，将系统恢复至设计要求的正式工作状态

8. 系统联合调试（表5-19）

表5-19　系统联合调试

序号	操作
1	进行消防投切试验：当断开主电源开关，备用电源应能投入；当合上主电源开关，主电源应能恢复供电
2	线路测试：根据现场情况，进行线路复检，确认无故障后，进行设备开通调试工作

5.3.4 考核评价（表5-20）

表 5-20 考核评价

序号	评价项目及标准		自评	互评	教师评分	总评
1	在规定的时间（180分钟）内完成（5分）					
2	能够进行有效的信息收集	火灾自动报警及消防联动系统安装与调试信息收集（10分）				
		填写信息收集表（10分）				
3	系统安装与调试	能够正确安装火灾探测器（10分）				
		能够正确安装火灾报警控制器（10分）				
		能够正确安装自动喷水灭火系统（25分）				
		能够正确进行调试（15分）				
4	工作态度（5分）					
5	安全文明操作（5分）					
6	场地整理（5分）					
7	合计100分					

知识梳理与总结

1. 火灾自动报警系统一般由触发器件、火灾报警装置、火灾警报装置以及具有其他辅助功能的装置组成。

2. 消防联动系统包括火灾应急照明与疏散标志、火灾报警装置、自动灭火系统、防排烟设施、电梯控制、消防电源控制、防火门及防火卷帘控制等。

3. 自动喷水灭火系统具有自动探测、报警和喷水灭火的功能，其特点是安全可靠、控火成功率高、结构简单、维护方便、使用期长、适用范围广泛。

4. 触发器件包括手动报警按钮和火灾探测器（感烟、感温、感光、可燃）。

5. 自动喷水灭火系统包括闭式喷头、报警止回阀、延迟器、水力警铃、压力开关（安于管上）、水流指示器、管道系统、供水设施、报警装置及控制盘等。

6. 火灾自动报警及消防联动系统的调试包括火灾探测器、报警控制器、联动系统、消防广播、火灾应急照明及安全疏散指示、自动喷水系统。

思考与练习

1. 火灾自动报警系统是由_____、_____以及具有其他辅助功能的装置组成。

2. 火灾探测器是能对火灾参数（如_____、_____、_____、_____、

_____等）响应，并自动产生火灾报警信号的器件。

3. 手动报警按钮安装有哪些要求？

4. 如何检验消防控制中心联动报警主机各项功能符合设计及消防施工的规范要求？

5. 如何检验消防广播通讯系统工作正常？

6. 自动喷洒系统调试分哪两步？

 技能拓展

[火灾自动报警与消防联动控制系统调试]　　工作任务页

学习小组		指导教师	
姓名		学号	

工作任务描述

本任务是完成消防系统的安装及运行调试。安装设备、设计喷淋灭火控制程序，实现对喷淋灭火系统中水流指示器、压力开关和信号蝶阀的状态监测，在自动状态下，当压力开关动作时能启动喷淋泵，并停掉生活给水泵，喷淋泵启动后要能够通过程序中的总启停位进行停止，不能通过压力开关信号控制停止。

任务基本信息确认

任务组长	任务是否清楚	工具准备	资料准备

工作流程

工作流程	描述	资源/时间
流程 1		
流程 2		
流程 3		
流程 4		
……		

学习资料

[1] 汪海燕．《消防设备安装与系统调试》[M]．北京：清华大学出版社，2012年2月．

[2] 张树平．《建筑防火设计》[M]．北京：中国建筑工业出版社，2009年7月．

[3] 景绒．《建筑消防给水系统》[M]．北京：化学工业出版社，2008年3月．

[4] 李天荣．《建筑消防设备工程》[M]．重庆：重庆大学出版社，2010年5月．

[5] 查阅《常用探测器参数手册》．

资讯提供（资讯）

1. 怎样进行火灾探测器的现场检查？

2. 如何进行报警控制器定性试验？

3. 报警控制器如何调试?

4. 联动系统调试如何开通?

5. 消防对讲系统怎样调试?

分组讨论（计划、决策）

实施记录

自查					
检查项目	评价标准	分值	自查	互查	备注
准备阶段	能够根据工作任务列出所需调试项目，能仔细阅读调试说明书，并能按分工做好准备工作	20分			
安装与调试阶段	1. 能正确进行火灾探测器调试 2. 能正确进行报警控制器调试 3. 能正确进行联动系统的调试 4. 能正确进行消防广播通讯系统的调试	45分			
检测阶段	调试方法得当，并能正确记录系统运行记录	15分			
总结阶段	能认真填写调试报告	20分			
教师评价					
学生整体表现：	□未达要求		□已达要求		

考核项目	表现要求		表现		备注
			√	×	
专业能力 （60分）	调试项目清晰、明了				
	火灾探测器	感温探测器调试正确（10分）			
		感烟探测器调试正确（10分）			
	报警控制器	调试方法正确（5分）			
		参数设置正确（5分）			
		编码正确（10分）			
	联动控制系统	调试思路正确（5分）			
		参数设置正确（5分）			
		消防中心主机发出单点启动命令后，相应联动设备启动正常（10分）			
社会能力 （20分）	积极主动，勤学好问，能够理论联系实际（10分）				
	与组员的沟通协调及学习能力（5分）				
	反应能力、团队意识等综合素质（5分）				
方法能力 （20分）	明确学习目标和任务目标（5分）				
	能够列出调试项目（5分）				
	能够制订完成工作任务的方案并实施（10分）				

指导教师评语：

指导教师签字：

年　月　日

实训体会：

学生签字：

年　月　日

附 录

附录 A：上位机软件的安装与使用

1. 安装

(1) 将 GST-DJ6000 光盘放入光驱中。

(2) 双击其中的 SETUP 文件，按提示完成安装。

2. 通讯连接

(1) 将通讯线的一端接"K7110 通讯转换模块"，另一端接电脑的串口"COM1"。

(2) 给通讯转换模块通电。

3. 启动软件

按照"开始 \ 程序 \ 可视对讲应用系统"的路径，打开"可视对讲应用系统"应用软件，启动用户登录界面。

4. 使用

在软件系统运行后，首先看到启动界面，然后显示系统登录界面，首次登录的用户名和密码均为系统默认值（用户名：1，密码：1），以系统管理员身份登录，如图 A-1 所示。

图 A-1　用户登录界面

登录后，首先进入值班员的设置界面，添加、删除用户及更改密码，并保存到数据库中。下一次登录，就可以按照设定的用户登录。

本系统可以设置 3 个级别的用户，系统管理员、一般管理员和一般操作员。系统管理员能够操作软件的所有功能，用于系统安装调试。一般管理员除了系统设置部分的功能不能使用外，大部分的功能都能使用。一般操作员不可以操作用户管理和系统设置。

用户登录成功后，进入系统主界面，如图 A-2 所示。

主界面分为电子地图监控区和信息显示区。电子地图监控区包括楼盘添加、配置、保存。信息显示区包括当前报警信息、最新监控信息和当前信息列表。

(1) 值班员管理

当第一次运行该系统时，系统登录是按照默认系统管理员登录；登录后，点击主菜单的"系统设置 \ 值班员设置"，就可以进行值班员管理操作，即可以添加值班员、删除值班员和

图 A-2　系统主界面

更改值班员的密码，密码的合法字符有：0～9，a～z；如若查看值班员的级别，选中的值班员会在值班员管理界面的标题上显示该值班员的级别和名称。用户管理的操作界面如图 A-3 所示。

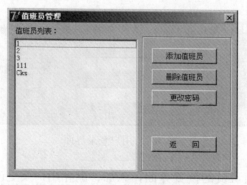

图 A-3　用户管理的操作界面

添加值班员：点击"添加值班员"，输入用户名、密码及选择级别权限，确认即可；用户名长度最多为 20 个字符或 10 个汉字，密码长度最多为 10 个字符；权限分为 3 级，分别是系统管理员、一般管理员和一般操作员；系统管理员具有对软件操作的所有权限；一般管理员除了通信设置、矩阵设置外，其他功能均能操作；一般操作员不能进行系统设置、卡片管理和信息发布等操作。

删除值班员：从列表中选择要删除的值班员，点击删除值班员，确认即可，但不能删除当前登录的用户及最后一名系统管理员。

更改密码：从列表中选中要更改密码的值班员，点击更改密码；输入原密码及新密码，新密码要输入两次确认。

（2）用户登录

用户登录有以下两种情况。

启动登录：启动该系统时，要进行身份确认，需要输入用户信息登录系统。

值班员交接：系统已经运行，由于操作人员的更换或一般操作员的权力不足需要更换为系统管理员，则需要重新登录，点击快捷键"值班员交接"，这样不必重新启动系统登录，避免造成数据丢失和操作不方便。登录界面如图 A-4 所示。

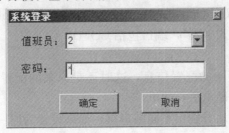

图 A-4　登录界面

（3）通讯设置

要实现数据接收（报警、巡更、对讲、开门等信息的监控）和发送（卡片的下载等），就必须正确配置 CAN/RS232 通讯模块、配置端口参数和发卡器的串口配置参数，点击系统设置菜单下的"通讯设置"，参数配置界面如图 A-5 所示。

图 A-5　通讯配置界面

系统配置的功能是完成系统参数配置、CAN 通讯模块配置和发卡器串口配置。

·系统参数配置

报警接收间隔时间是当有同一个报警连续发生时，系统软件经过设定的时间，才对该报警信息再次处理。

单元门定时刷新时间是经过设定的时间查询单元门的状态。（目前硬件未支持该功能）

·CAN 通讯模块配置

CAN 通讯模块的配置是完成选择计算机串口，对计算机串口的初始化和 CAN 通讯模块的配置（CAN 的 RS232 的设置和 CAN 的波特率配置）。选择输入要设置的串口和 CAN 端口的波特率，点击"端口设置"按钮，完成 CAN 通讯模块的参数配置。

·发卡器串口配置

发卡器串口配置是设置发卡器的读卡类型、发卡器端口选择的设置，发卡器波特率默认为 9600bps。读卡类型有 ReadOnly 和 Mifare_1 类型，ReadOnly 代表只读感应式 ID 卡，Mifare_1 代表可擦写感应式 IC 卡，端口包括 COM1、COM2。

特别注意：

当设置完 CAN 通讯模块的配置信息，这时还是原来的配置参数，要使用新的配置信息，必须给 CAN 通讯模块断电后再通电。

发卡器和 CAN 通讯模块分别用不同的串口，如果设置为同一个串口，将会出现串口占用冲突，应关闭读卡器占用的串口重新设置或正确设置 CAN 通讯模块的串口。当发卡器设置新的读卡类型时，请重新选择接口类型和端口的配置进行重新设置。

（4）楼盘配置

楼盘配置主要用于批量添加楼号、单元及房间的节点，在监控界面形成电子地图。在监控界面点击鼠标右键选择"批量添加节点"，出现批量添加节点界面，如图 A-6 所示。

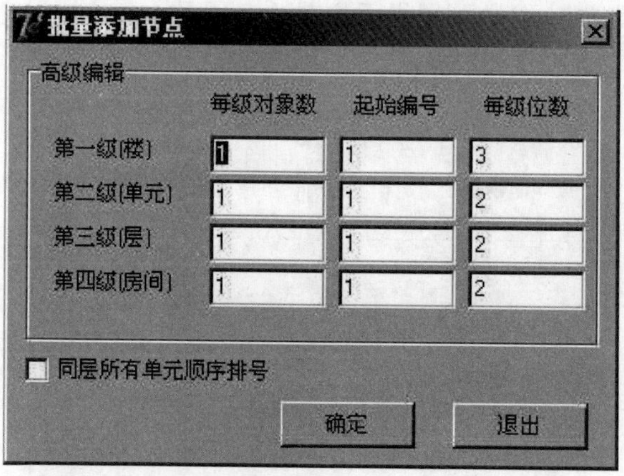

图 A-6　批量添加节点界面

根据需要填入相应的对象数、起始编号及位数。点击"确定"则产生所需要的楼号、单元号、楼层及房间。对象数是指每级对象产生的数目，比如第一级（楼）对象数为 3，起始编号为 5，位数为 3，则产生的楼号为 005、006、007，其他同理。如果选中复选框"同层所有单元顺序排号"，则产生的房间号在同一栋楼里不同单元同一层是按顺序排号的。

产生的楼号在电子地图中是放置在左上角的，单击鼠标右键选中"楼盘配置选项"，这时可以移动楼号的位置，把楼号移到适当的位置。单击鼠标右键点击"保存楼盘配置"，即可保存楼号的位置并自动退出楼盘配置。

（5）背景图设置

单击系统设置菜单下的背景图设置，进入背景图选择窗体，通过该窗体可以选择不同的监控背景图。该背景图可由其他绘图软件绘制，可以是 bmp、jpeg、jpg、wmf 等格式，大小应大于 800×600 像素，如图 A-7 所示。

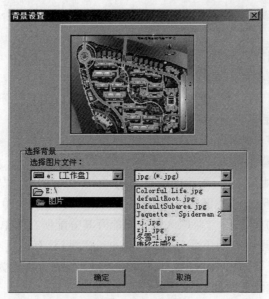

图 A-7　背景设置

（6）退出系统

在系统设置菜单下点击"退出系统"，或在快捷栏点击"退出系统"均可退出可视对讲应用系统软件，退出时将被要求输入当班值班员的用户名和密码。

（7）卡片管理

系统配置完成后，需要注册卡片以便在卡片管理界面中对人员进行卡片分配，点击主菜单或快捷键上的"卡片管理"进入卡片管理界面，如图 A-8 所示。

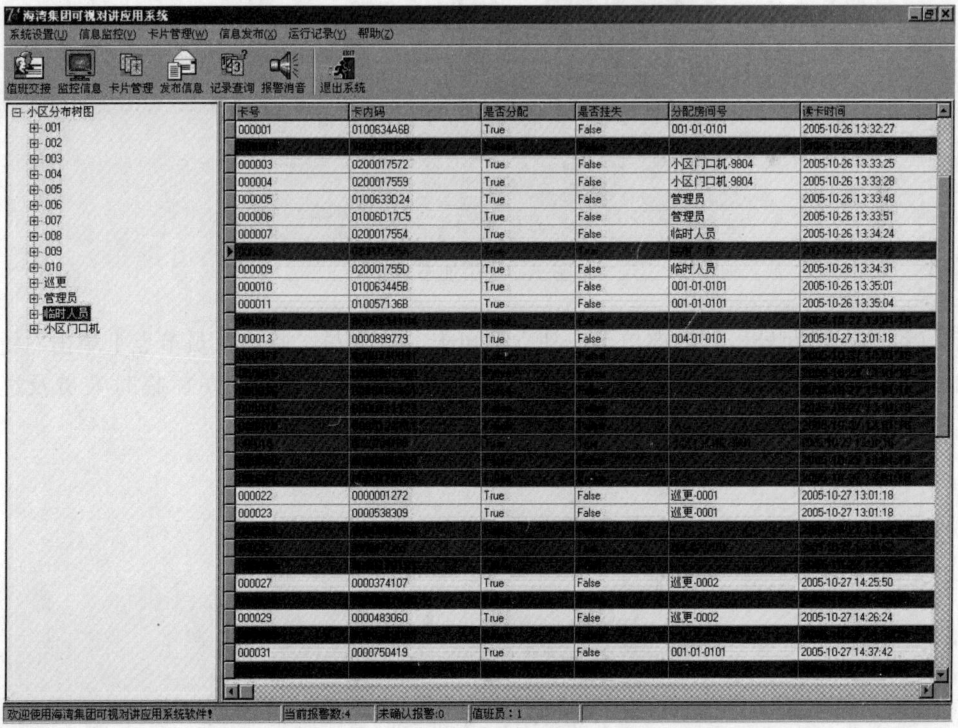

图 A-8　卡片管理界面

从卡片管理界面可以了解卡片的信息，包括卡号、卡内码、是否分配、是否挂失、分配房间号及读卡时间。

"卡号"是卡片注册时的编号。

"卡内码"是卡片具有的内在固有的编码。

"是否分配"表示卡片是否分配给用户，"True"表示该卡片已分配，"False"表示该卡片还未分配，卡片分配后其背景色不再为绿色。

"是否挂失"表示该卡片是否挂失，"True"表示该卡片已挂失，"False"表示该卡片没有挂失，卡片挂失后其背景色为红色。

"分配房间号"表示该卡片分配给的用户（如"001-01-0101"、"管理员"、"临时人员"、"巡更-9969"、"巡更-9968"、"小区门口机-9801"，其中"001-01-0101"只能开本单元的门，"管理员"可以开所有的单元门，"临时人员"只能开其分配所在的单元门，"巡更-9969"除具有巡更功能外还可以开所有的单元门，"巡更-9968"只具有巡更功能，不能开任何单元门，"小区门口机-9801"只能开小区的门口机单元门），没有分配则为空。

"读卡时间"为卡片注册时间。

（8）添加节点

在卡片管理界面的左边栏选择要添加节点的位置，单击右键选择"添加节点"进入添加节点界面，添加节点的方式有 3 种。

第一种是在小区分布图、楼号、单元号节点上单击右键选择"添加节点"，节点添加如图 A-9 所示。该窗体和楼盘配置是一样的，具体操作参见本附录楼盘配置。

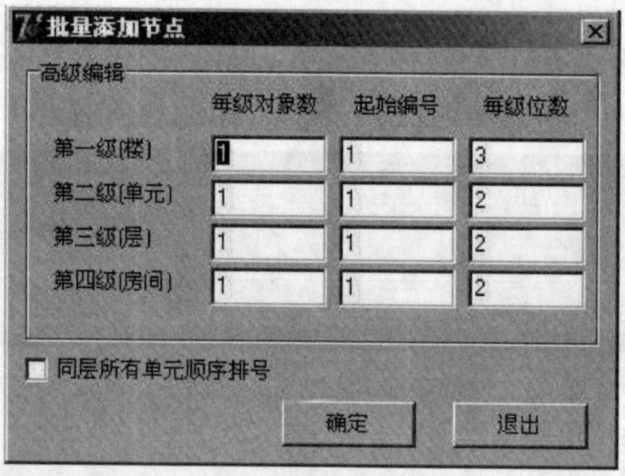

图 A-9　添加节点

第二种是在房间号、开门巡更卡、独立巡更卡、管理员、临时人员节点上单击右键选择"添加节点"，如图 A-10 所示。通过该窗体可以添加住户、管理人员、临时人员及巡更人员。注意：人员名称不允许相同。

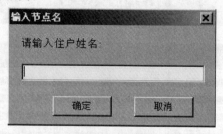

图 A-10　添加节点

第三种是在小区门口机节点上单击右键，选择"添加节点"，如图 A-11 所示。在输入框内输入小区门口机编号，小区门口机的编号只能是 9801～9809，如 9801 表示 1 号小区门口机，对应地址为 1 的小区门口机。

图 A-11　添加节点

（9）注册卡片

在卡片管理界面的左边栏单击右键选择"注册卡片"进入注册卡片界面，如图 A-12 所示。

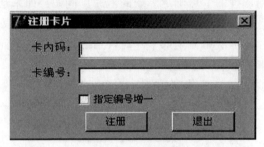

图 A-12　注册卡片

注册卡片的功能是读取卡片，并把读取的卡片保存到卡片信息库中，同时给读取的卡片分配一个序号，以便供给住户或巡更、管理人员分配卡片时使用。

目前，系统支持对两种卡片的读取：Mifare One 感应卡和只读 ID 感应卡。

用户刷卡后，系统会自动注册卡片，自动分配一个卡片编号（编号不能重复），并把卡片信息写入数据库中；此外，也可以手动输入信息，使之保存到数据库中。如果该卡片已注册，则箭头指向该卡片所在的位置。

界面中有一个复选框："指定编号增一"。如果选中该复选框，用户可以输入一个指定卡的起始编号，当注册下一张卡片时，系统会按照指定的编号自动增一。否则，系统会自动分配数据库中没有的编号。

（10）读卡分配

读卡分配是注册卡片的同时把卡片分配给用户，在卡片管理界面的左边栏选择住户、巡更人员、管理人员、临时人员。单击右键，弹出菜单，在菜单上选择"读卡分配"，弹出读卡分配窗体，如图 A-13 所示。用户可以通过刷卡或手动输入卡内码，点击注册后，系统会分配一个编号，也可指定编号，同时把该卡片分配给住户。

（11）卡片分配

每位人员只能拥有一张卡片，每张卡片也只能分配给一位人员；把已注册但未分配的卡片拖放到左边栏的人员节点上，即可为该人员分配卡片。

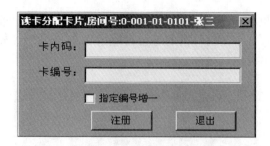

图 A-13　读卡分配

（12）撤销分配

撤销分配是撤销人员的卡片分配，可以一个一个地撤销，也可以成批撤销。成批撤销是在人员的上一级节点进行撤销分配，就会把该节点下的人员卡片撤销；撤销分配时，系统会提示该卡片是否从控制器中删除。

（13）下载卡片

下载卡片的功能是把已经分配的卡片下载到控制器中，下载时系统会自动地按照卡片内码排序后再下载，可根据选择的节点确定下载的卡片。例如：如果选择一个人员的卡片，则只下载当前卡片；如果选择一个房间，则下载一个房间的卡片，依此类推，可以到一个单元，下载单元的全部卡片；下载单元全部卡片时，系统将先删除单元控制器的所有卡片，然后将上位机分配的所有卡片下载到单元的控制器中。

下载临时卡片时必须选择要下载到的楼号－单元号，只对下载到的单元刷卡有效，如图 A-14所示。

图 A-14　下载临时卡片

（14）读取卡片

从单元控制器中读取卡片信息，根据卡片信息，比较下位机与上位机卡片情况。对于上位机不存在的卡片记录，系统将自动写入数据库中，对于下位机不存在的，或卡片的编号和卡片下载的位置不一致的卡片，系统将进行合并。在读完卡片后，用户可以选择对当前单元控制器进行卡片下载，以使上位机与下位机卡片相一致。

（15）节点更名

节点更名是更改节点的名称，可以更改楼号、单元号、房间号、人员名称。更改楼号、单元号及房间号时要慎重，更改完后，要重新下载卡片；不能更改巡更、开门巡更卡、独立巡更卡、管理员、临时人员、小区门口机节点的名称，其节点下的人员节点名称可以更改，更改后需要刷新显示。

（16）删除节点

删除节点是删除选中节点的配置信息，但不能把已经下载的卡片从控制器中删除，只是删除该节点；如果要删除该节点，最好先撤销其卡片分配，然后再删除节点。

（17）卡片挂失

卡片挂失是挂失选中节点的配置信息，并把已经分配的卡片从单元控制器中删除，同时使卡片信息显示呈红色。

（18）撤销挂失

撤销挂失是恢复挂失的卡片信息，并重新下载卡片信息。

（19）刷新显示

刷新显示是重新载入数据信息。

（20）删除卡片

删除卡片是删除已注册但还未分配的卡片，选中未分配的卡片，在键盘上按"Delete"键，经确认后即可删除该卡片。对于已分配的卡片不能随便删除，若要删除，必须先撤销分配，如操作原因一定要删除卡片，可采用组合键（Ctrl＋Delete）方式删除。

（21）监控信息

可视对讲软件启动后，就可以监控可视对讲的报警、巡更和开门等信息，监控信息的显示如图 A-15 所示。

图 A-15　可视对讲软件

①报警信息

报警信息主要包括有：防拆报警、胁迫报警、门磁报警、红外报警、燃气报警、烟感报警及求助报警。

报警发生时在电子地图相应的楼号和单元显示交替的红色，如果外接有喇叭，则发出相应的报警声；同时在监控信息栏显示报警的图标、报警描述、分机号、是否处理及报警时间；同一个报警信息再次出现时，只更新报警的时间，同一个报警时间的间隔在通讯设置里设定。报警处理后，点击图标前的方框即可复位报警，关闭声音。报警描述的内容有楼号、单元号、室外机或房间号（室内机）及报警类型，样式如下：

防拆报警：009-03-室外机-防拆报警；表示9号楼3单元室外机被拆卸发出的报警。

胁迫报警：009-03-室外机-胁迫报警（0301）；表示9号楼3单元301房间的住户被胁迫。

门磁报警：009-03-0101（室内机）-门磁报警；表示9号楼3单元101室门磁感应器发出的报警。

红外报警：009-03-0101（室内机）-红外报警；表示9号楼3单元101室红外探测器发出的报警。

燃气报警：009-03-0101（室内机）-燃气报警；表示9号楼3单元101室燃气传感器发出的报警。

烟感报警：009-03-0101（室内机）-烟感报警；表示9号楼3单元101室烟雾传感器发出的报警。

求助报警：009-03-0101（室内机）-求助报警；表示9号楼3单元101室用户按求助按钮发出的报警。

报警消音：点击快捷栏上的"报警消音"按钮，将关闭报警的声音，但不复位报警。

清除记录：当信息栏上的记录越来越多时，单击鼠标右键，选择"清除记录"，即可把该栏下的信息清空，而不会删除数据库的记录。

②对讲信息

对讲信息是当发生对讲业务时显示的信息，包括图标、发起方、响应方、对讲类型、发生时间，发起方和响应方的内容包括室外机、室内机、管理机、小区门口机。格式样式如下：

室外机：003-01-室外机（01）；01表示分机号。

室内机：003-01-0103（室内机）。

管理机：管理中心机（08）。

小区门口机：01号小区门口机（01）。

对讲类型包括：对讲呼叫、对讲等待、对讲通话、对讲挂机。

③开门信息

开门信息是管理中心机开门、用户刷卡开门、用户密码开门、室内机开门的信息，包括图标、房间号、分机号、开门类型、开门时间。

房间号是指被开门的设备：小区门口机、室外机。

分机号是指被开门的设备的分机号。

开门类型是指开门的方式：用户卡开门、用户卡开门（巡更-01）、管理中心开门、分机开门、用户密码开门、公用密码开门、胁迫密码开门。

（22）运行记录

运行记录包含了系统运行时的各种信息，主要包括报警、巡更、开门、对讲、消息、故障。这些信息都存在数据库中，用户可以进行查询、数据导出及打印等操作，操作界面如图 A-16所示。

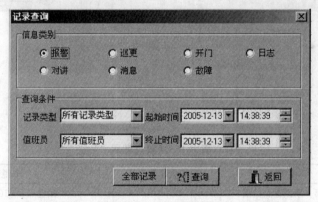

图 A-16　运行记录

当用户要查找所需信息时，点击快捷栏上的"记录查询"，启动查询界面，如图 A-17 所示。

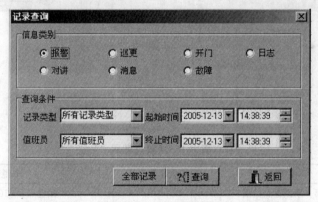

图 A-17　记录查询

查询信息可以按照信息类别分类，即分为报警、巡更、开门、日志、对讲、消息和故障。用户可以根据要求输入查询条件：记录类型、值班员、记录的起始时间、终止时间。其中每种信息类型对应不同的数据类型，数据类型的分类如下：

报警信息的数据类型有：门磁报警、红外报警、燃气报警、烟感报警、胁迫报警、防拆报警、求助报警。

巡更信息的数据类型有：巡更路线、巡更开门、巡更人。

开门信息的数据类型有：用户密码开门、用户卡开门、分机开门、胁迫密码开门、管理中心开门、公用密码开门。

日志类型有：启动系统、关闭系统、值班员交接、值班员等。

对讲类型有：对讲呼叫、对讲等待、对讲通话、对讲挂机。

消息的数据类型有：已读、未读。

故障信息的数据类型有：模块通讯故障、自检故障、控制器短路。

全部记录：点击"全部记录"则显示所有记录信息。

（23）系统数据恢复

系统数据恢复是出于对数据安全性的考虑，如果系统在使用的过程中出现问题，在重新安装系统时需要恢复系统原来的数据，对此可以从已经备份的数据中导入数据。数据恢复系统会提示操作员是否备份当前的数据，备份后导入数据，如图 A-18 所示。选择备份数据库并打开，系统会提示"系统数据恢复成功，建议重新启动该系统"。

图 A-18　导入界面

附录 B：

1. 预置点调用

表 B-1　预置点调用

预置点号	调用预置点	设置预置点	说明
51	第一条预置点扫描		预置点 1～16 号顺序扫描
52	第二条预置点扫描		预置点 17～32 号顺序扫描
53	第三条预置点扫描		预置点 33～48 号顺序扫描
54	第四条预置点扫描		预置点 97～112 号顺序扫描
55	第五条预置点扫描		预置点 113～128 号顺序扫描
56	第六条预置点扫描		预置点 129～144 号顺序扫描
57	第七条预置点扫描		预置点 145～160 号顺序扫描
58	第八条预置点扫描		预置点 161～176 号顺序扫描
59	第九条预置点扫描		预置点 1～48 号顺序扫描

预置点扫描停留时间调整：调用 69＋调用相应的扫描号＋调用的停留时间 N，N 为 1～63s。例如：调用 69＋调用 51＋调用 5。

2. 线扫控制

表 B-2 顺时针扫描

扫描号	1	2	3	4	5	6	7	8	9	10
速度	1 级	2 级	3 级	4 级	5 级	6 级	7 级	8 级	9 级	10 级

表 B-3 逆时针扫描

扫描号	11	12	13	14	15	16	17	18	19	20
速度	1 级	2 级	3 级	4 级	5 级	6 级	7 级	8 级	9 级	10 级

表 B-4 线扫顺时针扫描号

扫描号	1	2	3	4	5	6	7	8	9	10
预置点	11/21	12/22	13/23	14/24	15/25	16/26	17/27	18/28	19/29	20/30

表 B-5 线扫逆时针扫描号

扫描号	11	12	13	14	15	16	17	18	19	20
预置点	11/21	12/22	13/23	14/24	15/25	16/26	17/27	18/28	19/29	20/30

线扫速度调整：调用 67＋调用相应的扫描号＋调用的速度等级 N，N 为 1～63s。例如：调用 67＋调用 1＋调用 5。

线扫停留时间调整：调用 68＋调用相应的扫描号＋调用的停留时间 N，N 为 1～250s。例如：调用 68＋调用 1＋调用 5。

附录 C：

DS6MX-CHI 主要参数编程表（见表 C-1）

表 C-1 DS6MX-CHI 主要参数编程表

地址	说 明	预置值	编程值选项范围
0	主码	1234	0001～9999（0000＝不允许）
1	用户码 1	1000	0001～9999（0000＝禁止使用该用户）
2	用户码 2	0	0001～9999（0000＝禁止使用该用户）
3	用户码 3	0	0001～9999（0000＝禁止使用该用户）
4	报警输出时间	180	000～999（0～999s）
5	退出延时时间	90	000～999（0～999s）
6	进入延时时间	90	000～999（0～999s）
7	防区 1 类型	2	1＝即时；2＝延时；3＝24h；4＝跟随；5＝静音防区；6＝周界防区；7＝周界延时防区
8	防区 1 旁路	2	1＝允许旁路；2＝不允许旁路
9	防区 1 弹性旁路	2	1＝允许弹性旁路；2＝不允许弹性旁路

地址	说　明	预置值	编程值选项范围
10	防区 2 类型	4	1＝即时；2＝延时；3＝24h；4＝跟随；5＝静音防区；6＝周界防区；7＝周界延时防区
11	防区 2 旁路	2	1＝允许旁路；2＝不允许旁路
12	防区 2 弹性旁路	2	1＝允许弹性旁路；2＝不允许弹性旁路
13	防区 3 类型	1	1＝即时；2＝延时；3＝24h；4＝跟随；5＝静音防区；6＝周界防区；7＝周界延时防区
14	防区 3 旁路	2	1＝允许旁路；2＝不允许旁路
15	防区 3 弹性旁路	2	1＝允许弹性旁路；2＝不允许弹性旁路
16	防区 4 类型	1	1＝即时；2＝延时；3＝24h；4＝跟随；5＝静音防区；6＝周界防区；7＝周界延时防区
17	防区 4 旁路	2	1＝允许旁路；2＝不允许旁路
18	防区 4 弹性旁路	2	1＝允许弹性旁路；2＝不允许弹性旁路
19	防区 5 类型	1	1＝即时；2＝延时；3＝24h；4＝跟随；5＝静音防区；6＝周界防区；7＝周界延时防区
20	防区 5 旁路	2	1＝允许旁路；2＝不允许旁路
21	防区 5 弹性旁路	2	1＝允许弹性旁路；2＝不允许弹性旁路
22	防区 6 类型	3	1＝即时；2＝延时；3＝24h；4＝跟随；5＝静音防区；6＝周界防区；7＝周界延时防区
23	防区 6 旁路	2	1＝允许旁路；2＝不允许旁路
24	防区 6 弹性旁路	2	1＝允许弹性旁路；2＝不允许弹性旁路
25	键盘蜂鸣器	1	0＝关闭；1＝打开
26	固态输出口 1	1	1＝跟随布/撤防状态；2＝跟随报警输出
27	固态输出口 2	1	1＝跟随火警复位；2＝跟随报警输出；3＝跟随开门密码
28	快速布防	2	1＝允许快速布防；2＝不允许快速布防
29	外部布/撤防	1	1＝只能布防；2＝可布撤防
30	紧急键功能	0	0＝不使用；1＝使用
31	继电器输出	0	0＝跟随报警输出；1＝跟随开门密码
32	劫持码	0	0000～9999（0000＝禁止使用）
33	开门密码	0	0000～9999（0000＝禁止使用）
34	开门时间	0	000～999（0～999s）；000＝禁止使用
35	无线遥控	0	0＝不用；1＝使用无线遥控（最多6个）
36	监察无线故障	1	1＝12Hr 监察故障报告；2＝24Hr 监察故障报告
61	单防区布撤防	0	0＝不使用单防区布撤防和报告，占 2 个总线地址码；1＝使用单防区布撤防和报告，占 4 个总线地址码
99	恢复到出厂值	18	当输入这个数值，DS6MX-CHI 的所有设置参数（主码除外）会恢复到出厂值。此功能仅仅是为了安装和维护

附录 D:

DS7400XI 大型报警主机编程内容

1. 防区功能

防区功能是 DS7400XI 的防区类型，编程代码见表 D-1:

表 D-1　DS7400XI 防区类型代码

防区功能号	对应地址	出厂值	含义
01	001	23	连续报警，延时 1
02	0002	24	连续报警，延时 2
03	0003	21	连续报警，周界即时
04	0004	25	连续报警，内部/入口跟随
05	0005	26	连续报警，内部留守/外出
06	0006	27	连续报警，内部即时
07	0007	22	连续报警，24h 防区
08	0008	7 * 0	脉冲报警，附校验火警

2. 确定一个防区的防区功能

防区功能与防区是两个概念。在防区编程中，就是要把某一具体防区设为定具有哪一种防区功能。在防区编程中所要解决的问题是：使用多少个防区，每个防区应设置为哪种防区功能。其中防区与地址的对应关系见表 D-2:

表 D-2　防区与地址的对应关系

防区	地址	数据 1	数据 2
1	0031		
2	0032		
3			
……			
……			
248	0278		

注：数据 1、数据 2 表示防区功能号，对应表 D-1 功能号。

3. 防区特性设置

因为 DS7400XI 是一种总线式大型报警主机系统，可使用的防区扩充模块有多种型号。如 DS7432、DS6MX、DS6MX 等，具体选择哪种型号在此项地址中设置。从 0415～0538 共有 124 个地址，每个地址有两个数据位，分别代表两个防区。两个数据位的含义见表 D-3。

表 D-3　DS7400XI 防区特性设置代码

数据	含义	数据	含义
0	主机自带防区或 DS7457i 模块	4	MX280THL
1	DS7432、DS7433、DS7460、DS-6MX	5	Keyfob
2	DS7465	6	DS-3MX、DS6MX
3	MX280、MX280TH		

其中防区地址与数据位关系见表 D-4：

表 D-4　防区地址与数据位关系

地址	数据 1	数据 2
0415	防区 1	防区 2
0146	防区 3	防区 4
0417	防区 5	防区 6
……	……	……
0538	防区 247	防区 248

4. 辅助总线输出编程

DS7400XI 和 PC 机直接相连或和串口打印机直接连接（用 DS7412）或与继电器输出模块连接时都要使用辅助总线输出口，以确定辅助输出口的速率、数据流特性等。在本项目装置中，需编程的地址及数据参数如图 D-1 所示：

地址4019	数据1	数据2

图 D-1　DS7400XI 辅助总线输出编程代码

其中数据 1 的设置内容及含义见表 D-5：

表 D-5　数据 1 数据含义

数据	含义
0	不使用 DS7412
1	使用 DS7412

数据 2 的设置内容及含义见表 D-6：

表 D-6　数据 2 数据含义

数据	含义	数据	含义
0	不发事件	5	发报警，故障，复位，其他事件
1	发报警，故障，复位	6	布防撤防，其他事件
2	发布防撤防	7	全部事件
3	发报警，故障，复位，布防撤防	8	CMS7000 监控软件
4	除报警，故障，复位，布防撤防外的事件		

5. 数据流特性编程

DS7400XI 数据流特性编程代码如图 D-2 所示。

地址4020	数据1	数据2

图 D-2　DS7400XI 数据流特性编程代码

其中数据 1 的设置内容及含义见表 D-7：

表 D-7　DS7400XI 数据流特性编程数据 1

输入数据	含义	输入数据	含义
0	300Baud	3	4800Baud
1	1200Baud	4	9600Baud
2	2400Baud	5	14400Baud

数据2的设置内容及含义见表D-8：

表 D-8 DS7400XI 数据流特性编程数据 2

数据	8 数据位	1 停止位	2 停止位	无校验	偶数校验	奇数校验	软件	硬件
0	√	√		√			√	
1	√	√		√				√
2	√		√	√			√	
3	√		√	√				√
4	√	√			√		√	
5	√	√			√			√
6	√	√				√	√	
7	√	√				√		√

6. 输出编程

输出编程是根据发生的事件、所在分区和警报类型（盗警，火警）以触发控制主机上的三个输出之一，DS7400XI 输出编程代码如图 D-3 所示，输出编程数据位如图 D-4 所示。

输出	地址	预设值
报警	2734	63
可编程输出1	2735	33
可编程输出2	2736	23

图 D-3 DS7400XI 输出编程代码

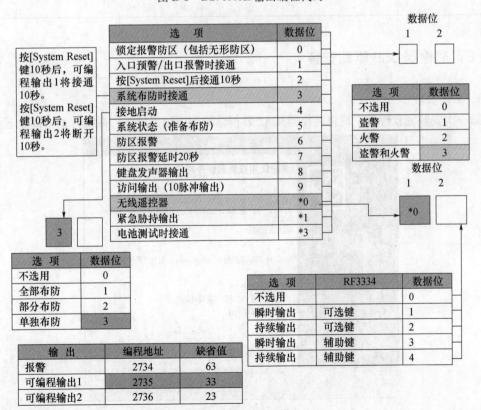

图 D-4 DS7400XI 输出编程数据位

7. 强制布防和接地故障检测编程

DS7400XI 在防区不正常时，可以强制布防，但这些防区必须设置为可旁路的防区。另外在编程过程中还可以设置系统是否检查接地故障，如设有此项功能，在接地不正常时，键盘会显示"Ground Fault"，DS7400XI 强制布防和接地故障检测编程代码如图 D-5 所示。

地址2732	数据1	数据2

图 D-5　DS7400XI 强制布防和接地故障检测编程代码

其中数据 1 的设置内容及含义见表 D-9：

表 D-9　DS7400XI 强制布防和接地故障检测编程数据 1

不强制布防	0	强制布防 5 个防区	5
强制布防 1 个防区	1	强制布防 6 个防区	6
强制布防 2 个防区	2	强制布防 7 个防区	7
强制布防 3 个防区	3	强制布防 8 个防区	8
强制布防 4 个防区	4	强制布防 9 个防区	9

数据 2 的设置内容及含义见表 D-10：

表 D-10　DS7400XI 强制布防和接地故障检测编程数据 2

输入数据	含义
0	不检测接地
1	检测接地

附录 E：巡检器 USB 驱动安装

1. 驱动安装

第一次安装完软件后，请将巡检器用 USB 传输线与电脑连接好，系统自动出现如下画面：

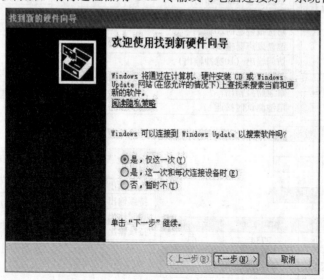

选择第一个选项"是，仅此一次"，单击"下一步"，出现：

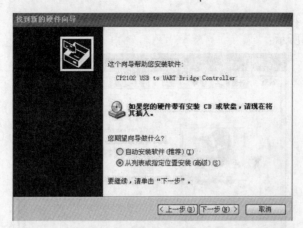

选择第二个选项"从列表或指定位置安装",单击"下一步",出现：

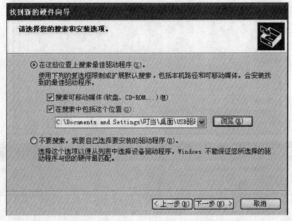

选择"在搜索中包括这个位置",点击"浏览",选择 USB 驱动所在的文件夹,单击"下一步",出现：

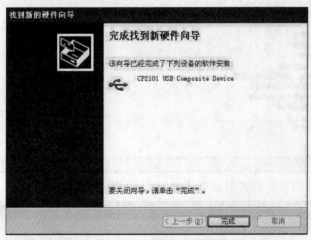

单击"完成",则 USB 驱动安装成功。

2. 查看设备

安装完 USB 驱动后,可以在设备管理器中查看所用的串口号,选择"我的电脑"按右键选择"属性",在属性中选择"硬件",点击"设备管理器",在管理器中选择"端口(COM 和 LPT)",出现"CP2101 USB to UART Bridge Controller（COM3）",则在软件中应用的串口号为"COM3"。

具体过程如下图所示：

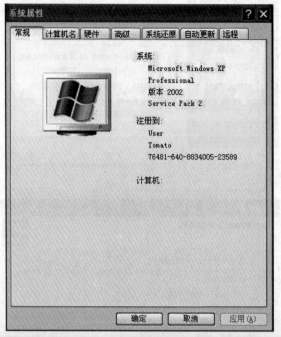

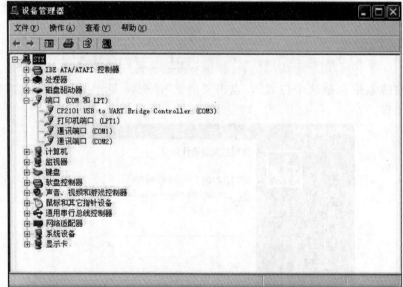

然后在软件的系统设置里面更改串口号为"COM3"，如图：

附录 F：巡更软件设置

1. 人员设置

此选项用来对巡检人员进行设置，以便日后对巡检情况的查询。

人员名称为手动添加，最多 7 个汉字或者 15 个字符，添加完毕后，可以在表格内对人员名称进行修改。

中文机内最多存储 254 个人员信息，在该界面的上方有数量提示。

点击"打印数据"可以将巡检人员设置情况进行打印，也可以以 Excel 表格的形式将人员设置导出，以备查看。

2. 地点设置

此选项用来对巡检地点进行设置，以便日后对巡检情况的查询。

设置地点之前，可先将巡检器清空（在"采集数据"的界面，将巡检器设置成正在通讯的状态，点击"删除数据"按钮，即可删除中文机内的历史数据），然后将要设置的地点钮按顺序依次读入到巡检器中，把巡检器和电脑连接好，选择"资源设置"→"地点钮设置"点击采集数据，软件会自动存储数据。数据采集结束后，按顺序填写每个地点对应的名称。

修改完毕退出即可。

中文机内最多存储 1000 个地点信息，在该界面的上方有数量提示。

点击"打印数据"可以将地点设置情况进行打印，也可以以 Excel 表格的形式将地点设置导出，以备查看。

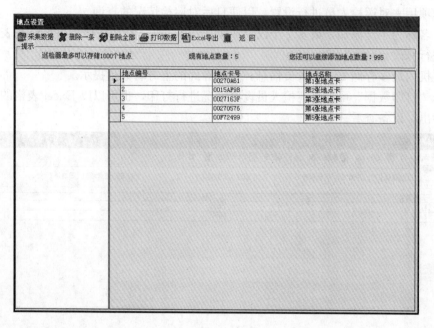

3. 事件设置

此选项用来对巡逻事件进行设置，以便日后对巡检情况的查询。

事件信息为手动添加，点击添加事件，系统会自动添加一条默认的事件，在相应的表格内直接修改事件名称和状态名称即可。

中文机内最多存储 254 个事件信息，在该界面的上方有数量提示。

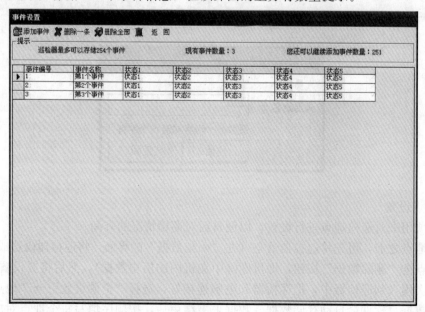

4. 棒号设置

此选项用来对棒号进行设置，以便日后对巡检情况的查询。

把巡检器和电脑连接好，将巡检器设置成正在通讯状态，点击采集数据，软件会自动存储数据。数据采集结束后，在相应表格内修改名称。修改完毕退出即可。

点击"打印数据"可以将棒号情况进行打印，也可以 Excel 表格的形式将棒号导出，以备查看。

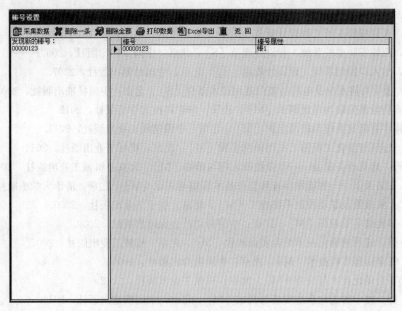

5. 系统设置

在第一次进入软件后，应首先对系统进行设置。

系统设置分为基本信息写入、权限用户密码管理、巡检器设置三部分。

下载字库需要较长时间，若中文机没有显示的问题（非硬件问题），无需频繁下载字库。

巡检器号码为 8 位，不够时，系统会自动在前面补位。

参 考 文 献

[1] GB 50348，安全防范工程技术规范［S］．北京：中国计划出版社，2004．

[2] GB 50394，入侵报警系统工程设计规范［S］．北京：中国计划出版社，2007．

[3] GB 50395，视频安防监控系统工程设计规范［S］．北京：中国计划出版社，2007．

[4] GB 50396，出入口控制系统工程设计规范［S］．北京：中国计划出版社，2007．

[5] GA/T 72，楼宇对讲系统及电控防盗门通用技术条件［S］．北京：中国标准出版社，2005．

[6] 汪海燕．安防设备安装与系统调试［M］．武汉：华中科技大学出版社，2012．

[7] 张小明．楼宇智能化系统与技能实训［M］．北京：中国建筑工业出版社，2011．

[8] 李霞，等．建筑智能化工程施工实用便携手册［M］．北京：机械工业出版社，2011．

[9] 瞿义勇，等．建筑设备安装——专业技能入门与精通［M］．北京：机械工业出版社，2010．

[10] 西刹子．安防天下——智能网络视频监控技术详解与实践［M］．北京：清华大学出版社，2010．

[11] 杨连武．火灾报警及联动控制系统施工［M］．北京：电子工业出版社，2006．

[12] 王东伟．智能楼宇管理师［M］．北京：中国劳动社会保障出版社，2009．

[13] 陈志新，等．建筑智能化技术综合实训教程［M］．北京：机械工业出版社，2007．

[14] 董春利．安全防范工程技术［M］．北京：中国电力出版社，2009．

[15] 陈虹．楼宇自动化技术与应用［M］．北京：机械工业出版社，2012．

[16] 吕景泉，等．楼宇智能化系统安装与调试［M］．北京：中国铁道出版社，2011．

[17] 王建玉．智能建筑安防系统施工［M］．北京：中国电力出版社，2012．

中国建材工业出版社
China Building Materials Press

我们提供

图书出版、图书广告宣传、企业/个人定向出版、设计业务、企业内刊等外包、代选代购图书、团体用书、会议、培训，其他深度合作等优质高效服务。

编辑部
010-88364778

出版咨询
010-68343948

市场销售
010-68001605

门市销售
010-88386906

邮箱：jccbs-zbs@163.com　　网址：www.jccbs.com.cn

发展出版传媒　服务经济建设

传播科技进步　满足社会需求